低渗透储层流体
随钻快速识别方法与应用

黄志龙　胡森清　鲁法伟　陈金龙　著

石油工業出版社

内容提要

本书以东海盆地低渗透及致密储层录井资料为背景，介绍了“十三五”国家重大科技专项“低渗—致密储层流体性质录井识别技术”的部分成果，包括气测录井的环境校正方法，气测录井、地球化学和三维定量荧光录井流体识别方法，低渗透及致密储层真实含气量的气测录井估算方法，以及在孔隙结构与气水微观分布成因机理研究的基础上提出的基于储层特征的油气检测评价技术。

本书可供油气勘探工作者和技术人员参考，也可作为大专院校油气勘查专业和地质资源与地质工程专业师生的教学参考书。

图书在版编目（CIP）数据

低渗透储层流体随钻快速识别方法与应用 / 黄志龙等著 .—北京：石油工业出版社，2020.10

ISBN 978-7-5183-4284-6

Ⅰ . ① 低… Ⅱ . ① 黄… Ⅲ . ① 低渗透储集层 – 录井 – 研究 Ⅳ . ① P618.130.2

中国版本图书馆 CIP 数据核字（2020）第 199724 号

出版发行：石油工业出版社

（北京安定门外安华里 2 区 1 号　100011）

网　址：www.petropub.com

编辑部：（010）64251539　　图书营销中心：（010）64523633

经　　销：全国新华书店

印　　刷：北京晨旭印刷厂

2020 年 10 月第 1 版　2020 年 10 月第 1 次印刷

787 × 1092 毫米　开本：1/16　印张：7.5

字数：156 千字

定价：80.00 元

PREFACE 前言

尽管东海盆地西湖凹陷低渗透储层勘探评价方面取得了一定进展和成果，针对东海盆地深层的低渗透及致密储层特征精细表征和含气性准确评价等方面，仍面临诸多问题和挑战。为此，“十三五”国家重大科技专项“大型油气田及煤层气开发”设立了课题“东海深层大型气田勘探评价技术”（编号：2016ZX05027002）之下的专题之一“低渗—致密储层流体性质录井识别技术”。该专题的主要研究任务是，针对目前东海盆地低渗透及致密储层流体性质录井识别与综合评价中所存在的机理问题和评价技术难题，以相关实验测试为基础，以机理分析为切入点，采用综合录井和储层实验分析等技术手段，对西湖凹陷目前已钻探井的低渗透及致密储层进行录井及岩心实验的综合研究，明确储层物性与录井的响应特征，分析低渗透及致密储层气测录井环境因素的响应机理，提出气测录井的环境校正方法，建立流体性质的录井识别方法和低渗透及致密储层真实含气量气测录井估算方法，结合其他录井解释方法，最终形成一套基于储层特征的流体性质录井—地质综合评价技术。该任务完成后在以下几方面技术取得了进展：

（1）复杂流体性质随钻测—录井一体化快速识别技术。包括改进的气测录井环境校正技术、气测异常倍率法流体识别技术、气测组分法流体识别技术、地球化学及三维荧光录井识别技术和随钻测—录井联合流体识别技术，形成了一套随钻测—录井一体化快速识别方法和技术流程。

（2）低渗透储层地层含气量录井快速半定量评价技术。包括钻井液含气量的实验获取方法、钻井液含气量与气测检测值的拟合分析和地层含气量的估算方法。气测录井半定量识别方法可以帮助预测产能。

（3）基于储层特征的油气检测评价技术。包括颗粒定量荧光实验技术分析油气层性质的方法、孔隙结构表征和基于孔隙结构分类的含气饱和度分类预测技术。

研究成果中属于改进型的成果包括气测录井的环境校正技术和气测组分法流体识

别技术；属于原创型的成果包括气测异常倍率法流体识别技术和随钻测—录井联合流体识别技术；属于探索型的成果包括低渗透储层含气量录井快速半定量评价技术和基于储层特征的油气检测评价技术。

低渗透及致密储层录井流体识别还存在不少问题，例如具有流体压力高异常的地层，气测录井异常增大，目前很难校正，导致流体识别困难。此外，对于油基钻井液录井的流体识别方法有待进一步研究。

董劲、王璐和黄嵌参加了部分研究工作，董劲参与了第四章第二节和第五章第三节的撰写工作。中海石油（中国）有限公司上海分公司勘探部王建平、陈忠云、王雷、江志强在研究和撰写过程中给予了大力支持和帮助，在此一并表示感谢。

由于笔者水平有限，特别是开展录井流体识别的工作经验有限，书中难免存在一些错误，敬请读者批评指正。

CONTENTS 目录

第一章　油气识别录井技术发展现状 …… 1

第一节　海上油气录井基本概念 …… 1

第二节　国内外油气识别录井技术发展现状 …… 3

第三节　东海盆地低渗透及致密油气藏特征和流体识别难点 …… 6

第二章　复杂流体性质随钻测—录井一体化快速识别技术 …… 8

第一节　改进的气测录井环境校正技术 …… 8

第二节　气测异常倍率法流体识别技术 …… 13

第三节　气测组分法流体识别技术 …… 19

第四节　地球化学及三维荧光录井识别技术 …… 21

第五节　随钻测—录井联合流体识别技术 …… 34

第六节　随钻测—录井一体化快速识别技术流程 …… 40

第三章　低渗透储层含气量录井快速定量评价技术 …… 44

第一节　钻井液脱气实验 …… 44

第二节　数据处理与地层含气量估算 …… 47

第三节　基于气测录井的产量半定量计算 …… 52

第四章　基于储层特征的油气识别评价技术 …… 56

第一节　颗粒定量荧光实验技术分析油气层性质 …… 56

第二节　基于孔隙结构的含气饱和度预测技术 …… 65

第五章　应用实例与效果 …… 78

第一节　随钻测—录井一体化快速识别技术的应用 …… 78

第二节　低渗透储层油气含量录井快速定量评价技术的应用 ……………………………… 96
第三节　基于储层特征的油气检测评价技术应用效果 ……………………………………… 100
参考文献……………………………………………………………………………………… 108
附录…………………………………………………………………………………………… 112

第一章 油气识别录井技术发展现状

录井是油气勘探中一项重要的工作环节，其最突出的特点是实时性、不可逆性。它能够在随钻过程中及时建立地层剖面和准确发现油气层，是现场解决地质问题最直接和最有效的手段。

近年来，随着国内外油气勘探领域的不断突破，油气勘探逐渐由陆上走向深海，由浅层走向深层，由常规储层走向低渗透及致密储层，所面临的勘探对象也变得更加复杂，油气识别难度逐步增大，很难再利用单项测井、录井手段对油气层进行准确识别和评价。

录井技术具有实时性和相对低成本性的特点，因此，不断提升录井油气层评价技术的准确性对油气勘探工作显得十分重要和迫切。

第一节 海上油气录井基本概念

受海洋油气勘探高投入、高风险、高技术因素的影响，我国海洋石油工业起步相对较晚。纵观其发展历程，经历了从摸索试验、引进合作到自主创新、做大做强三个阶段。1967 年 6 月 14 日，中国自行设计和建设的第一座自升式钻井平台“渤海一号”日产原油 35m^3，标志着中国海洋石油工业的开始。1982 年 2 月 16 日，中国发布第一轮对外国际招标公告，拉开了中国海洋石油合作发展的大幕。2012 年 5 月 9 日，中国自主设计、建造的第六代深水半潜式钻井平台首次作业，标志着中国海洋石油工业深水战略迈出了实质性步伐。

海洋录井伴随着中国海洋石油工业的蓬勃发展也在不断成长进步，在油气识别、油气层评价、海洋钻井安全预警等方面发挥着越来越重要的作用。到目前为止，海上油气录井主要应用以下技术。

一、岩心录井

岩心录井是指在钻井过程中，利用取心工具将地下岩层取上来，进行整理、描述、分析，获取地层的各项地质参数，恢复原始地层剖面。

二、岩屑录井

钻井过程中，钻头在井底破碎岩石形成钻屑，随钻井液返到地面称为岩屑。通过采集并观察岩屑特征来记录地下地层岩性、含油气性并恢复地下地质剖面的方法称为岩屑录井。

三、荧光录井

荧光录井是现场发现、识别含油气性的重要有效方法，主要对岩样进行荧光湿照、干照、滴照和系列对比，通过在荧光灯下观察岩样的荧光特征或荧光系列对比级别来判断岩样的含油气性，定性和半定量地判断储层中含油（气）类型和含量。

四、气测录井

地层中的流体（烃或非烃）被钻开后随钻井液上返至地面。用专门的仪器设备（主要是综合录井仪）实时检测钻井液的烃类气体或非烃类气体含量和成分，从而寻找地下油气层的方法称为气测录井。

五、定量荧光录井

定量荧光技术是根据原油中某些烃类物质通过紫外光源照射会产生特定波长的荧光这一原理，利用专门荧光光谱检测仪器，定量检测岩样中萃取液所含原油荧光强度及波长并进行采集处理，从而完成原油含量和成分的判断，发现和定量评价油气层。同时它能及时、准确地判断真假油气显示。

六、地球化学录井

地球化学录井技术是将传统的有机和无机化学与石油地质、油藏工程紧密结合起来的一项应用技术。在特殊裂解炉中对定量的生油岩和储油岩样品（岩心、岩屑、井壁取心）进行程序升温烘烤，使岩石样品中的烃类和干酪根（生油母质）在不同温度范围内挥发和裂解，在不同温度区间产生低分子量烃类物质，被岩石热解地球化学录井仪器接收、检测，得到原油轻、重组分含量和裂解烃峰值温度，进而解释油气层、评价烃源岩。该技术综合各种油田现场资料，直接以储层、烃源岩为研究对象。

七、核磁共振录井

根据核磁共振原理，测定岩石孔隙流体中氢原子核的核磁共振信号强度及流体与岩石孔隙内表面之间的相互作用，来获取孔隙度、渗透率、流体饱和度、流体性质以及可动流体、束缚流体等物性参数。在现场通过核磁共振录井，达到快速储层物性评价、含油饱和度评价及油气层评价的目的。

八、元素录井

元素录井也称 X 射线荧光录井，是近年来国内出现的一项录井新技术。其主要分析对象为细碎的岩屑样品，通过对样品中 Mg、Al、Si、P、S、Cl、K、Ca、Ba、Ti、Mn、Fe 等 12 种元素的检测分析，依据元素构成矿物、矿物组成岩石、岩石组合成岩层的关系，来识别岩性，判断岩层，绘制岩性剖面图。其典型作用是突破了细碎岩屑的录井技术瓶颈，实时解决钻井过程中的岩性判别、地层对比和评价等问题。

九、同位素录井

同位素录井是油气钻探过程中所实施的实时同位素检测技术，目前以碳同位素为主，检测的样品主要包括钻井液气、岩屑罐顶气、压裂返排气等。通过大量、连续、立体的同位素数据，不仅能够分析油气成因与成熟度、气油源对比、油气藏的后期改造和次生变化等地质特征，在非常规油气方面还能指导页岩气“甜点”评价及致密储层油气井产能预测，为非常规资源储量的评估提供依据。

十、工程录井

工程录井是应用综合录井仪专门针对钻井过程中的各项钻井参数开展的录取、分析工作，其对于钻井风险的实时分析及预测非常重要。目前海洋钻井中使用的 GeoNEXT 录井系统是法国地质服务公司研发的最新一代智能化综合录井系统，该系统适应目前高难度井（如深水井、高温高压井、大位移井等）录井作业的要求。该系统强大的软件功能和便捷的界面操控提高了录井日常监测的质量，使作业者获取信息更加便捷。该系统引进了一系列新式传感器、新计算方法和新的智能软件，对钻井安全、提高效率起到不可替代的作用。

第二节　国内外油气识别录井技术发展现状

经过几十年的发展，利用录井资料识别油气的解释评价技术日趋丰富。许多油公司根据各自油田的地质、油气藏特征，形成了原油性质评价、有效储层识别、储层流体性质识别、水淹层评价、油气产能预测等配套评价技术和解释图版，并且部分已经实现了计算机的自动处理解释。部分录井公司建立了融合多个单项录井技术的录井油气水层综合解释评价技术，更加注重随钻分析，在钻井现场进行快速解释，有效实现了录井地层识别、储层划分、油气显示落实、油气水层判断，极大地拓展了解释评价思路，促进了解释评价技术的快速发展。

当前油气水识别与解释单项录井技术主要包括气测录井、岩石热解地球化学录井、罐顶气轻烃分析录井、定量荧光录井、核磁共振录井等技术。

一、气测录井解释技术

气测录井是发现和评价油气层的手段之一，主要利用色谱分析技术对从钻井液中分离出的微量烃类及非烃类气体成分进行实时分析识别，综合解释与评价地层含油气的情况，与其他技术相比具有真实性、连续性、灵敏性等优势。气测录井评价方法一般可归纳为三类：一是气测直观参数或曲线特征判别法；二是气测特征图版判别法；三是气测烃值校正定量判别法。

但影响气测录井资料的因素有很多，主要包括储层物性及地层压力、钻井液类型及性能、钻井工程因素（钻头直径、钻速、起下钻、钻井液排量）、脱气器型号及工作状态、后效气和单根气的影响、气体在井口逸散等。

近年来，气测录井技术的发展主要表现在快速色谱、非烃类气体检测技术、定量脱气器、真空蒸馏脱气器、气测解释系统等几个方面。针对气测录井技术自身的不完善性，目前各录井公司均在大力开发新的气测录井技术，发展气测录井资料校正技术来消除外部因素对气测录井的影响，为解释油气层提供可靠信息。

二、地球化学录井解释技术

地球化学录井包括岩石热解录井、轻烃录井和热蒸发烃相色谱分析录井。其主要是利用地球化学和热蒸发烃相色谱分析技术，对岩样中残余的油气经高温裂解在不同温度区间产生低分子量烃类物质，得到原油轻、重组分含量和裂解烃峰值温度，进而得到地下原始状态下岩石中的含油量。结合储层的物性参数、有效厚度以及原油有关参数，计算出储层的含油饱和度，进而应用多参数储层评价模型判断储层含油特征，预测储层储量和产量，并应用原油轻、重组分比参数定性评价储层中的原油性质。

岩石热解录井技术在烃源岩评价中有很大的技术优势，在样品呈块状时在油气水层判别、孔隙度测定和含油饱和度计算、产能估算、储量计算等方面具有很高的可信度，当前在探井作业中已经得到了普遍的推广和使用。由于目前 PDC 钻头的使用（PDC 钻头钻井的岩屑呈砂粒状，样品代表性较差），岩石热解录取不到颗粒状岩屑，虽然可以发现油气显示，但定量评价非常困难。

轻烃录井技术特点突出，不需要挑选砂样，排除了人为因素的干扰；抗污染能力强，无论是层间污染还是外部污染对其影响都很小；不要求岩屑颗粒的完整性，因此对钻井工艺没有任何限制，有利于高速、安全钻井。轻烃录井主要是从钻井液和岩屑两个方面获取油气层信息，轻烃众多的分析参数可从不同角度、不同方面进行对比，综合分析应用，因此轻烃分析对气层、轻质油层、油层、油水同层及气水同层有很高的分辨率和准确性，具有独特的技术优势。

热蒸发烃相色谱分析技术目前主要应用于评价烃源岩类型、烃源岩成熟度、烃源岩演化环境和细菌降解程度等方面。

三、罐顶气轻烃相色谱分析技术

罐顶气轻烃相色谱分析技术对从岩屑中逸散出的油气成分进行色谱分析，对其中轻烃（C_1—C_7）的单体成分逐一进行分离和检测，进而根据分析出的轻烃组成、丰度、相对含量进行油气层判识，推断油气层的活跃程度等。罐顶气分析技术在20世纪90年代曾经被大力推广，但由于其仪器操作条件苛刻、分析碳数范围太窄、分析结果不及时、效率差、成本高等原因没有形成完整的技术体系，对油气层的判别没有形成统一的标准模式，因此目前并没有得到广泛的应用。

四、定量荧光分析技术

定量荧光分析技术是对含油的岩石样品经有机溶剂萃取后，利用定量荧光仪检测能发荧光的芳香族化合物，以检测出岩石样品中的原油浓度、原油性质、荧光强度等。

目前，国内外研制开发的定量荧光检测仪器大致可以分为三类：数字滤波荧光检测仪、二维荧光检测仪和三维荧光检测仪。数字滤波荧光检测和二维定量荧光技术已经广泛应用于现场，表现出了良好的应用效果：能够识别微弱油气显示，发现轻质油气层；可排除钻井液处理剂和矿物发光干扰，有效识别油层显示；能够直接分析钻井液，可以解决新的钻井工艺下岩屑细碎甚至取不到岩屑情况下油气识别的难题；可准确评价油气水层。

三维定量荧光技术是在二维定量荧光技术广泛应用的基础上，近几年推行的一门新技术。二维定量荧光技术在检测中质油、重质油及判别真假油气显示方面还存在不足，三维定量荧光技术在一定程度上弥补了它的缺陷，提高了定量荧光录井技术的有效性和实用性。该技术能够及时发现、识别真假油气显示，判别储层流体性质和原油性质，求取含油饱和度，分析地层中单位含油丰度；能够进行油源对比及追踪，鉴定生油岩，评价水淹层。

三维定量荧光技术是一项新技术，还有许多问题需要深入研究。例如，需深入分析影响定量荧光录井技术的因素，寻找解决办法，保证分析精度；延伸应用三维定量荧光资料，完善解释图版；深入研究三维定量荧光，为油气的演化、运移及油源评价等工作提供服务。

五、核磁共振录井解释技术

核磁共振录井技术是根据核磁共振原理，测定岩石孔隙流体中氢原子核的核磁共振信号强度及流体与岩石孔隙内表面之间的相互作用，来获取孔隙度、渗透率、流体饱和度、流体性质以及可动流体、束缚流体等物性参数的技术。该项技术在室内储层评价、开发试验研究中得到了广泛应用，在油气田勘探开发的研究与生产中发挥了重要作用。

针对油藏，核磁共振录井通过对一个岩样（岩心、岩屑或井壁取心）进行核磁共振测量，即能够快速、准确地获得总孔隙度、有效孔隙度、绝对渗透率、含油饱和度、含水饱和度、可动流体饱和度、可动油饱和度、可动水饱和度、束缚流体饱和度、束缚油饱和度、束缚水饱和度等多项物性参数，进一步分析还可对原油黏度、岩石润湿性等进行测量。

对于气藏，核磁共振录井能够获得总孔隙度、有效孔隙度、绝对渗透率、含水饱和度、含气饱和度、可动水饱和度、束缚水饱和度等物性参数。

将核磁共振技术分析所得出的物性参数应用于钻井现场，及时分析岩心、岩屑和井壁取心，具有用量少、速度快、一样多参、准确性高、连续性强、可随钻分析等常规岩心分析和测井所不可完全替代的优点。在划分和评价有效储层、指导现场钻进、为完井讨论及完钻测试提供数据等方面极具意义，因而在石油天然气的勘探与生产中作用巨大。

融合几个单项录井技术是目前油气水录井综合解释的发展方向和趋势，其路线主要是以气相色谱分析技术为基础，融合地球化学和热蒸发烃相色谱分析数据、定量荧光分析数据，建立适合研究区的解释图版，并不断改进，提高解释准确性。

第三节　东海盆地低渗透及致密油气藏特征和流体识别难点

东海盆地油气勘探主要集中在西湖凹陷，通过多年的研究和钻探证明西湖凹陷具有较大的勘探前景。西湖凹陷的油气勘探在层系上主要集中于始新统平湖组和渐新统花港组，这两个层系是目前主要的生产层，少数区块在上部的玉泉组、龙井组也发现了油气显示。

根据已发现油气藏类型来看，西湖凹陷以气藏（含凝析气藏）和轻质油藏为主。纵向上多表现为上油下气的特点，平湖组在整个西湖凹陷多以气藏（含凝析气藏）为主，花港组多为轻质油藏和气藏；横向上表现为西油东气的特点，西部斜坡带花港组、平湖组多发育气藏（含凝析气藏）和轻质油藏，中央构造带主要为干气藏和少量凝析气藏。

近年来，随着油气勘探的不断深入，东海盆地西湖凹陷油气勘探领域逐渐由浅层走向中深层、由常规油气层转向低渗透及致密油气层。然而，受埋藏深度大、储层孔隙度小、非均质性强、储层含油气丰度低等因素影响，储层测—录井特征响应差异复杂，油气识别难度十分巨大，主要表现为以下几方面。

一、气测录井识别油气难度大

气测录井影响因素众多，如储层物性、机械钻速、排量、钻井液密度等。常规油气层埋藏深度较浅，储层孔隙度大，钻井过程中往往表现为气测异常值高，对比度明显，容易识别。然而，东海盆地西湖凹陷低渗层埋藏深度多在3500m以下，储层含油气丰度低，另外受低机械钻速、高钻井液密度、高压后效气等因素影响，其气测异常幅度极低，不易识别，导致气测录井油气层识别评价难度大。

二、测井油气识别多解性强

储层孔隙结构复杂、岩石骨架矿物成分多变、油气藏流体性质复杂导致了低渗透储层多表现出复杂多变的测井响应特征，并且钻井过程中钻井液侵入的影响更加增大了其测井评价难度，以致用常规测井资料进行现场快速评价存在一定困难。

三、海上低渗透油气层评价可验证性较差

低渗透及致密储层岩性、电性、物性、含油气性关系复杂，导致测井、录井解释经常出现矛盾。海上探井钻杆地层测试受其成本高昂、周期漫长等因素影响，海上探井钻杆地层测试资料十分有限，测—录井解释结果难以准确验证，更加增大了低渗透储层流体性质评价的不确定性。

第二章
复杂流体性质随钻测—录井一体化快速识别技术

本章主要介绍气测异常倍率法解释技术、随钻测—录井联合流体性质识别技术两项识别新技术，以及改进的气测组分法识别技术和传统的地球化学、三维荧光录井识别技术，使用以上三类解释技术，可有效解释凝析气层、湿气层、气层、致密层、水层、气水层，实际应用效果良好。

第一节　改进的气测录井环境校正技术

气测录井参数均是直接检测钻井液获取的，故而钻井条件对其影响是非常严重的。研究认为，气测录井主要受钻头直径、钻时、钻井液排量、钻井取心的影响，同时也受钻井液性能、脱气仪器进液量、接单根等的影响。在一个研究区内，部分参数可以是相同的，需要校正的参数主要包括钻时（Rop）、排量（Flow）、井径（D）和取心（Core）。

一、气测录井影响因素

气测录井的影响因素很多，概括起来主要影响因素分为地质因素和非地质因素两大类（郑新卫，2012）。一般情况下，油、气性质和储层性质是决定气测录井烃类组分变化的主要因素，油、气性质在气测录井中主要反映在气油比上，气油比越高，含气量越高，钻井液中的气测异常也就越明显；储层的基本性质主要体现在孔隙性、渗透性和油气水饱和度三个方面。井筒压差的影响主要是当地层压力大于井筒压力时，储层中的烃类会在压力的作用下进入钻井液，导致气测异常。气测录井的非地质因素主要有钻头直径、钻井速度、钻井液排量、钻井取心、钻时、接单根、后效气、钻井液性能、脱气器进液量、钻井液处理剂等（杜武军，2013）。因此，往往需要进行气测录井资料的校正。

钻井液柱产生的压力低于地层压力，在压差的作用下，地层中的油气易进入钻井液中，使气测录井异常显示值增高。或者说，当地层压力远大于井筒压力时，压差作用造成油气进入钻井液的量要远大于钻井破碎气，使得气测曲线变形。

在相同的地质条件下，若钻井液密度适中，钻井液柱产生的压力不小于地层压力，地层中天然气不会在压差的作用下进入钻井液，但地层中天然气的扩散作用仍存在，会有少量的天然气溶解进入钻井液，扩散作用产生的总烃（Tg）显示，一般可以认为是气测基值。

正常钻井条件下，气测所测得的气体主要来自井眼的破碎气。破碎气的含量与单位时间内所破碎的岩石量有关，它主要受钻头大小、钻时及钻井液排量因素影响。杜武军（2013）引入了冲淡系数，其物理意义是单位时间内钻井液排量与单位时间内破碎岩石体积之比，在钻井条件相似的情况下，它是钻时的函数。

对于取心段，取心钻进时钻头破碎地层的岩屑较少，钻时较大，机械钻速较小，使单位体积的钻井液中含有的岩石破碎气较少，气测显示值较低，因而需要将冲淡系数根据取心钻头尺寸进行调整（曹凤俊，2008）。

综合来看，需要考虑地层条件对气测录井的影响，气测检测条件在研究区内是相同的，需要校正的是受钻井条件影响的参数，主要有钻时（Rop）、排量（Flow）、井径（*D*）、取心（Core），并包括气测基值校正。

二、气测校正目的与原理

气测校正的主要目的是消除或降低不同钻井条件对气测参数的影响，以达到气测曲线反映地层流体的真实情况，便于地质学家进行流体性质解释，最终目的是避免解释漏层、错层。

根据气测曲线异常的产生原理，将校正划分为基值校正、钻井环境校正。气测基值主要受地层中的烃扩散、钻井液残余烃的影响。地层中的烃在扩散作用下缓慢地溶解到钻井液中，使得钻进到非储层段时，已钻穿的储层中仍有少量烃进入钻井液中，气测检测值随之偏高，在一段时间内同一地层向钻井液扩散的含烃量基本稳定，则可以根据非储层段的气测显示规律评价其影响。钻井液残余烃含量在相近钻井条件下基本一致，仍可以根据非储层段曲线特征对其进行推算。经过分析可以看出，由于烃扩散或钻井液残余烃引起的气测基值异常，在一定条件下比较稳定，故气测基值校正一般进行代数运算，即可达到比较理想的效果。

钻井环境一般指与钻井过程相关的钻头尺寸、钻井液性能、钻进速度、钻井液排量、取心等条件，钻井环境校正主要是对其进行参数缩放，去除干扰参数，以获得基准钻井条件下的气测曲线。

井径校正，即对不同钻头尺寸进行校正。钻头尺寸随着深度的增加而减小，研究区目的层（3000～4500m）主要使用的钻头外径尺寸为8.5in（215.9mm），部分3000～3500m的井段仍使用12.25in（311.15mm）钻头外径尺寸。不同钻头钻进相同的距离，其破碎的岩石体积不同，那么岩石破碎产生的含烃量也不同，大尺寸钻头使得气测检测值偏高，校正成基准井径条件需收缩气测检测值。一般认为气测检测值与钻井液含烃量呈正比，而钻井液的含烃量与钻头破碎岩石释放出的含烃量呈正比，同时也与钻碎岩石体积呈正比，钻碎岩石体积与钻头尺寸呈幂指数关系，则气测检测值与钻头尺寸呈幂指数关系（即与井径的二次方呈正比）。因此，大尺寸钻头需将气测检测值收缩成标准井径的气测值。

钻时校正，即对目的层不同钻时条件进行基准条件校正。研究区目的层的主要钻时为5min/m，该钻时为基准井径（215.9mm）条件下的平均钻时，体现了岩石的可钻性能与钻井条件的综合结果。钻时大，钻进速度慢，相同时间内钻头破碎的岩石体积小，进入钻井液的烃量少，气测检测值也小，即钻时与气测检测值呈反比。钻时大，则需要放大成基准条件的气测检测值。

排量校正，即对流经钻头的钻井液流量进行校正。排量和钻头尺寸的关系非常密切，对照基准井径（215.9mm），目的层基准排量为2500L/min。同等条件下，排量代表破碎岩石释放出烃的稀释程度，排量大，烃稀释强烈，单位钻井液的含烃量少，排量与单位钻井液含烃量呈反比，即排量与气测检测值呈反比。排量大，则需要求出放大系数，才可以校正成基准排量条件下的排量。

取心校正，主要应用于取心段，非取心段不需校正。取心实际上可看作取出岩心的那一部分没有破碎，即减少了一部分破碎气，需要求出一个放大系数，才能校正成基准条件下的气测检测值。取心钻头是空心钻头，外径为8.5in（215.9mm），内径为100mm，校正系数为钻头外径截面与钻头牙轮面积的比值。

三、气测录井校正技术要点

本书主要使用选取基准井段为参考值的方法进行校正，目前选择的基准井段为：井径8.5in、未取心段、平均钻时、平均钻井液排量。据此对总烃值进行放大或缩小，并考虑气测基值、取心的破碎岩石体积变化等因素的影响，具体校正公式见表2–1。

表2–1　气测录井校正方法

校正内容	校正方法
基值处理	$Tg_c=Tg-Tg_{基值}$（当前层产生的Tg增幅）
钻时校正	$Rop_c=Rop/Rop_{基准}$
井径校正	$Cal_c=(D_{基准}/D)^2$
排量校正	$Flow_c=Flow/Flow_{基准}$
取心校正	$Core_c=1.28$
校正公式	$Tg_{校正}=Tg_c\cdot Rop_c\cdot Cal_c\cdot Flow_c\cdot Core_c$

1. 基值处理

由于钻遇地层烃扩散的影响，有时在非储层段的气测值偏高，导致后续的低幅度显示难以发现。直接使用气测总烃资料，不考虑基值这个因素，就会夸大气测资料的显示效果。扣除基值影响的气测总烃称为气测基值校正，基值校正系数计算公式如下：

$$Tg_c=Tg-Tg_{基值} \tag{2-1}$$

式中，Tg 为气测总烃值，%；$Tg_{基值}$为解释层气测基值，%。

2. 钻时校正

钻时是指钻头钻穿 1m 岩层所需的时间。钻进的机械钻速越快，单位时间和单位深度内破碎的岩屑越多，进入钻井液中的气越多，进而地面脱气器从钻井液中脱出的气体也越多，使得气体检测值越高。钻时的增加，使得单位厚度破碎的岩石体积所含的油气量被钻井液稀释得较严重，气测显示幅度值偏低。一般情况下，钻时低时气测显示的幅度值偏高，钻时高时气测显示的幅度值偏低。

$$Rop_c=Rop/Rop_{基准} \tag{2-2}$$

式中，Rop、$Rop_{基准}$分别为实际钻时和基准条件下的钻时，min/m。

3. 井径校正

钻井平台操作较为复杂，需要用到很多不同类型的钻头，通常情况下，目的层正常钻进时的钻头直径为 215.9mm，因此，把直径为 215.9mm 的钻头作为标准钻头（$D_{基准}$），在进行 Tg 校正时需要将不同类型的钻头直径统一校正成标准钻头直径。

$$Cal_c=(D_{基准}/D)^2 \tag{2-3}$$

式中，D、$D_{基准}$分别为钻穿分析层所用的钻头直径和标准钻头直径，mm。

4. 排量校正

在钻井的过程中，钻井液通过不断循环将破碎的岩屑及其中的油气水带到地面。钻井液排量是对气测总烃值影响较大的一个因素。在钻头直径、机械钻速等一定的条件下，钻井液泵排量越大，单位体积钻井液所含的破碎气量就越少，使得气测显示值越低。

$$Flow_c=Flow/Flow_{基准} \tag{2-4}$$

式中，Flow、$Flow_{基准}$分别为钻井液实际排量和目的层钻井液基准排量，L/min。

5. 取心校正

钻井取心时，取心校正系数公式如下：

$$Core_c=D^2/(D^2-d^2) \tag{2-5}$$

式中，D、d 分别为取心钻头的外直径和岩心的直径，mm。

通常情况下，取心时钻头的外径为215.9mm，岩心的直径为100mm。根据公式（2–5）计算得到取心段取心校正系数（$Core_c$）为1.28，无取心段的取心校正系数（$Core_c$）为1。

综上，经多次研究区的实际应用后总结的钻井环境因素综合校正公式如下：

$$Tg_{校正}=Tg_c \cdot Rop_c \cdot Cal_c \cdot Flow_c \cdot Core_c \tag{2-6}$$

式中，Tg_c、Rop_c、Cal_c、$Flow_c$、$Core_c$ 分别由公式（2–1）、公式（2–2）、公式（2–3）、公式（2–4）、公式（2–5）求出，综合各参数，即可得到Tg校正值。

四、气测录井校正使用条件

气测录井校正方法主要研究区是东海盆地西湖凹陷，气测检测仪器主要是中法渤海地质服务有限公司的Reserval录井系统，钻井工程主要是由中海油服的钻井船进行服务。狭义范围来看，以上提出的气测录井校正方法，要求地质条件与西湖凹陷比较接近，比如岩性、储层流体性质、埋深等条件相近。除此之外，还需要相近的钻井条件，比如相近的钻井液、相近的钻井程序等。气测检测仪器的影响极其重要，故而使用Reserval录井系统的地区可以使用，其他录井检测设备的地区应谨慎使用。

除了数据来源的条件外，气测曲线受渗滤气的强烈影响，则校正方法使用效果一般。由于研究区主要为过平衡钻井，钻井液引起的压力大于地层压力，渗滤气影响较小，因此不考虑钻井液密度、地层压力对气测显示的影响。

对于气测异常幅度较大、气测异常能有效判定含油气层或者能有效区分砂泥岩互层特征、大段砂岩的气测显示较好的情况，可以不用进行校正，使用原始气测检测值即可进行非常准确的解释。对于取心段、换钻头、接单根、受渗滤气影响、砂岩顶底板出现气测异常值偏低的情况，需要进行校正。校正后会将所有储层的气测显示值校准成标准条件下的参数，能有效得到分析砂岩的气测显示特征，经过大量的解释实践，校正后的气测解释符合率更高。

第二节　气测异常倍率法流体识别技术

气测异常倍率指的是解释层特征值与当前层气测基值的比值，其比值大小代表着解释层含烃量的相对多少。解释层特征值选取：当气测曲线为箱型时，取曲线稳定的平均值；当气测曲线为饱满型、指型、倒三角型时，取气测曲线半幅点内的平均值；当气测曲线为尖峰型时，取气测最大值；气测基值为解释层围岩的气测最小值。气测基值相同的条件下，异常倍率大，则含烃量高。气测异常倍率法流体识别技术需要气测录井参数（Tg、C_1、C_2、C_3、nC_4、iC_4、nC_5、iC_5），结合研究区的地层测试数据，建立气测异常倍率图版便于应用。气测异常倍率法主要用于解释烃层、致密层、水层、气水层，也可以解释气测基值极高的高压气层。

一、传统气测录井解释方法简介

传统气测录井解释方法主要有：三角形图版解释法、皮克斯勒图版解释法和轻烃值解释法。三角形图版的坐标值为 $C_2/\sum C$、$C_3/\sum C$、$nC_4/\sum C$，绘制三角形，确定对应角连线的交会点，按照三角形的状态、大小和交会点的位置判断油气性质。用数据中的 $C_2/\sum C$ 作 $C_3/\sum C$ 的平行线、$C_3/\sum C$ 作 $C_4/\sum C$ 的平行线、$C_4/\sum C$ 作 $C_2/\sum C$ 的平行线，构成一个内三角形，用三角形坐标系与内三角形的顶点对应相连，其连线交于一点。一般情况下，正三角形为气层特征，倒三角形为油层特征；交点落在价值区内，有生产价值；交点落在价值区外，无生产价值（李庆春，2008）。

计算解释层的 C_1/C_2、C_1/C_3、C_1/C_4、C_1/C_5 四个比值，将其绘制在纵坐标为对数的图上，各点相连，构成皮克斯勒图版，根据其倾斜形状及落在的区域位置判别生产层和非生产层以及该层的油气性质。在解释图版上一般可分为油区、气区和两个非生产区。C_1/C_2 小于 2 或大于 45，一般情况下判断为非生产层；C_1/C_2 的值在油层的底部，而 C_1/C_4 的值在气层的顶部时，则可能为非生产层；C_1/C_3 与 C_1/C_4 的值基本接近或 C_1/C_4 小于 C_1/C_3 时，一般情况下判断为含水层或水层（李庆春，2008）。

轻烃值解释法主要是计算烃类的湿度比（Wh）、平衡比（Bh）和特征比（Ch），而后绘图并解释。$Wh=(C_2+C_3+C_4+C_5)/\sum C$；$Bh=(C_1+C_2)/(C_3+C_4+C_5)$；$Ch=(C_4+C_5)/C_3$。Bh 大于 100，该层含有极干的干气；Wh 指示气相，Bh 大于 Wh，该层含气；Wh 指示油相，Bh 小于 Wh，该层含油；Wh 大于 40 且 Bh 比 Wh 小得多，干层含残余油。Ch 小于 0.5，用 Wh 和 Bh 解释含气是正确的；Ch 大于 0.5，用 Wh 和 Bh 解释的含气与油有关；只有在 Wh 和 Bh 解释为含气时，才能用 Ch 值作进一步说明。Wh 为 0.5～17.5 时为气，气体密度随 Wh 的增大而增大；Wh 为 17.5～40 时为油，油的密度随 Wh 的增大而增大。

传统的气测解释方法主要用于解释油层、气层、气水层、水层，研究区主要流体性质为凝析气层、湿气层、干气层、油层、致密层、水层、气水层，传统解释方法难以有效地解释研究区内的流体性质，需根据实际情况研发新的解释方法，以求达到较好解释效果。

二、气测异常倍率法的目的与原理

气测异常倍率法解释技术主要目的是用于区分含烃层、致密层、水层、气水层。根据地层测试结果，含烃层主要包括油层、凝析气层、湿气层、干气层，气测异常倍率法是为了完成流体性质大类划分而开发的技术。

气测异常倍率法主要依靠解释层的气测起伏幅度来判断油气层性质。一般情况下，油层、凝析气层、气层的气测起伏幅度很高，反映地层流体中含烃量较高，气测基值相近的情况下，该类地层的气测异常倍率很高。研究区的一体化模块式测试（MDT）结论有很多致密层，其地质特征为深度一般大于 4000m、储层致密、含少量烃，传统的气测解释未能识别出该类储层，依据致密层含少量烃、气测基值较低的特征，其气测异常倍率值比烃层小、气测基值较低，据此可以识别出致密层。水层与气水层的含烃量很少，导致气测异常倍率值很低，气测基值也很低，则气层与气水层容易识别。

三、气测异常倍率法技术要点

气测异常倍率法主要依靠解释层的气测异常倍率及气测基值进行解释，其核心是气测异常倍率图版，图版横坐标为气测异常倍率，即解释层气测特征值与气测基值的比值，反映解释层的含烃量多少；纵坐标为气测基值，反映钻井是否遇到高压地层。其技术流程包括：（1）解释层特征值选取；（2）解释层基值选取；（3）气测异常倍率图版数据库检查；（4）目的层数据投点及解释。

1. 解释层特征值的选取

气测油气层识别的第一步是解释层特征值选取方法的确定。因为气测录井响应曲线异常值的高低是气测录井判识油气层的主要依据之一，那么这些值的读取方式很大程度上决定了识别的准确程度。

前人在气测检测值的特征值选取上是直接读取解释层的最大值，该选取方法对于识别油气水层有指导意义。本书使用梯度化油气显示特征方法，能有效地判断出气测显示好坏。当气测曲线为箱型时，取曲线稳定的平均值；当气测曲线为饱满型、指型、倒三角型时，取气测曲线半幅点内的平均值；当气测显示为尖峰型时，取气测曲线最大值。具体的读值方法见表 2-2，该方法不仅能凸显含烃层与非烃层之间的差异，同时能更好地表现出烃层显示级别之间的差异。

表 2-2　气测曲线识别标准表

Tg 曲线形态	Tg 曲线形态	读值方法
饱满型	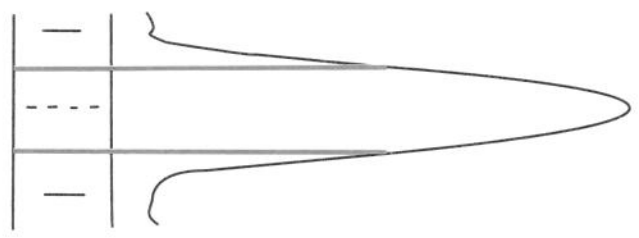	取半幅点之间的平均值
箱型	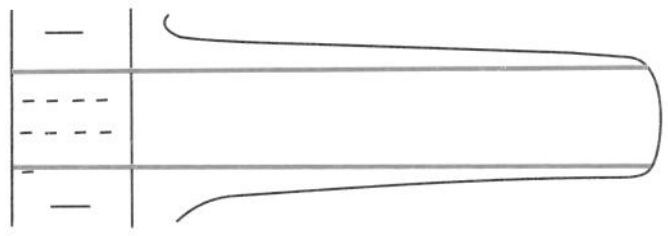	取曲线稳定的平均值
指型	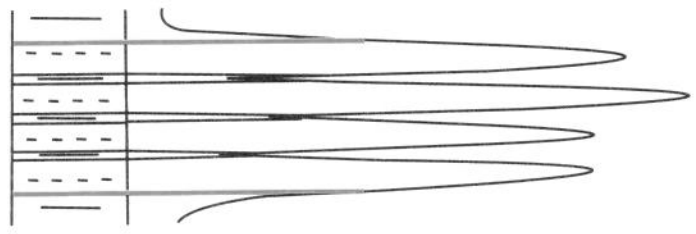	取半幅点之间的平均值
尖峰型		取最大值
倒三角型	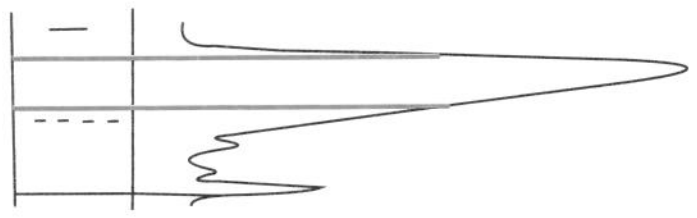	取半幅点之间的平均值

2. 解释层基值的选取

解释层气测基值的一般选取方法是选取解释层上覆地层非储层段的气测最小值，本书所使用的气测基准数据，与通常认为的气测基值不同，气测基值代表解释层对非储层段的影响，即解释层已被钻穿，下伏非储层段的气测受上部解释层的影响，取值一般是解释层下伏泥岩的气测最小值（图 2-1）。

3. 气测异常倍率图版数据库的建立

气测异常倍率图版数据库主要由经过钻杆地层测试（DST）及一体化模块式测试（MDT）校准的层的数据构成，且要求选取有代表性的解释层，厚度较大，一般要求地层厚度大于 5m。

（1）有 DST 时，使用 DST 结果作为解释层的解释结论。在此，要考虑测试工程是否存在压裂。研究区主要为气层、凝析气层，压裂窜层及水侵的情况时有发生，故而压裂的层段测试结论仅作为参考，连续油管测试（自喷）的结果则是最终解释结论。

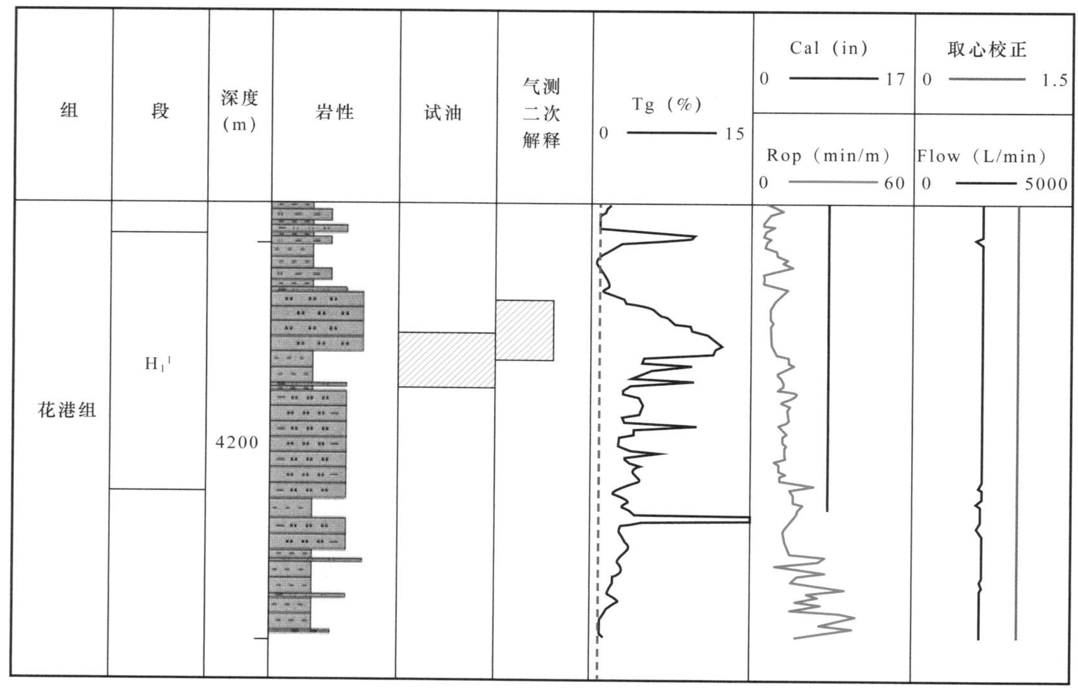

图 2-1　N-2 井气测基值选取标准

（2）有 MDT 泵抽取样时，优先以泵抽取样数据（油气水比例）为准。泵抽取样过程首先通过返抽流体的电阻率、荧光光谱等手段判断是否将钻井液返抽完全，同时根据荧光光谱特征初步判断地层油气水特征，待钻井液返抽完全后进行取样。研究区一般使用斯伦贝谢公司的一体化模块式测试系统，可使用 XLD（超大直径探针）进行地层压力测试，也可按计划使用 E-probe 椭圆形探针进行测压、流体光谱分析及取样，取样瓶容积 420mL，一次测试最多可以泵抽 6 个取样点。泵抽取样在不受钻井液返抽不完全的影响情况下，能真实反映地下流体情况，是地层流体的第一手资料，对于解释工作十分关键。泵抽结论一般为油层、凝析气层、气层、气水层、水层，其结论是可信的。

（3）仅有 MDT 测压数据时，测压数据可以获得地层压力梯度的层段作为标准层也十分可靠。MDT 测压一般会在目的层以 1～3m 的间隔连续测压，储层段的测压数据可以求取出地层流体的压力梯度，压力梯度一般可以反映地层流体密度，压力梯度小于 0.5MPa/100m，即反映流体密度小于 0.5g/cm³，可解释成气层；压力梯度为 0.5～0.85MPa/100m，反映储层流体密度为 0.5～0.85g/cm³，可解释为油层、油气层；压力梯度大于 0.85MPa/100m，反映储层流体密度大于 0.85g/cm³，可解释成水层（图 2-2）。

（4）MDT 测压为致密点时，致密点比较密集出现（一般小于 5m 出现致密点），且绝大多数都是致密点，可以将储层解释为致密层（图 2-3）。

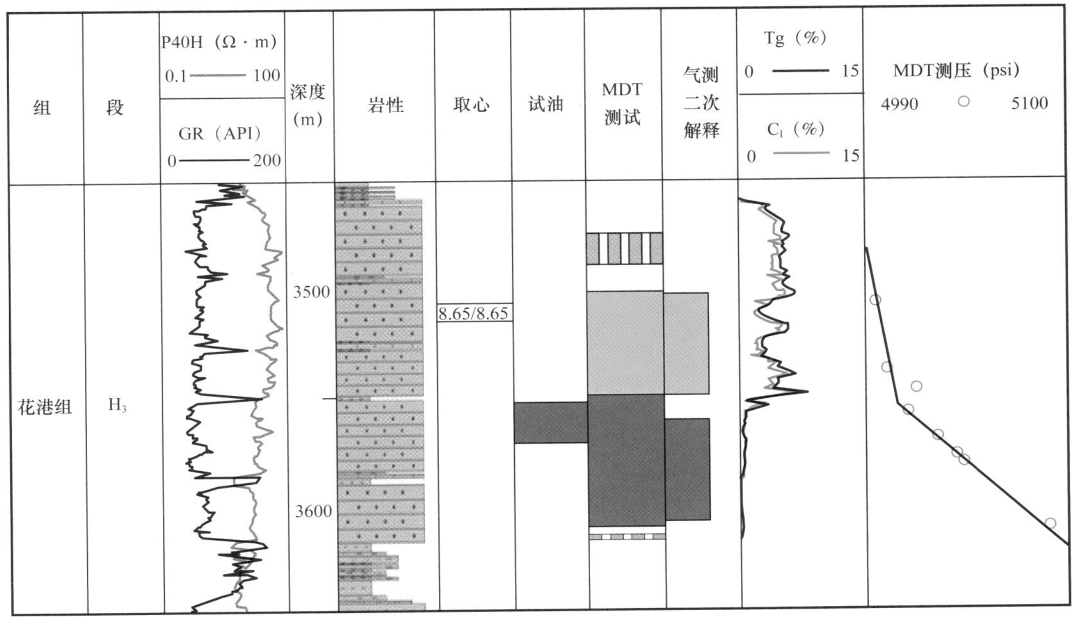

图 2-2　A-4 井 MDT 压力梯度与解释结论分析图

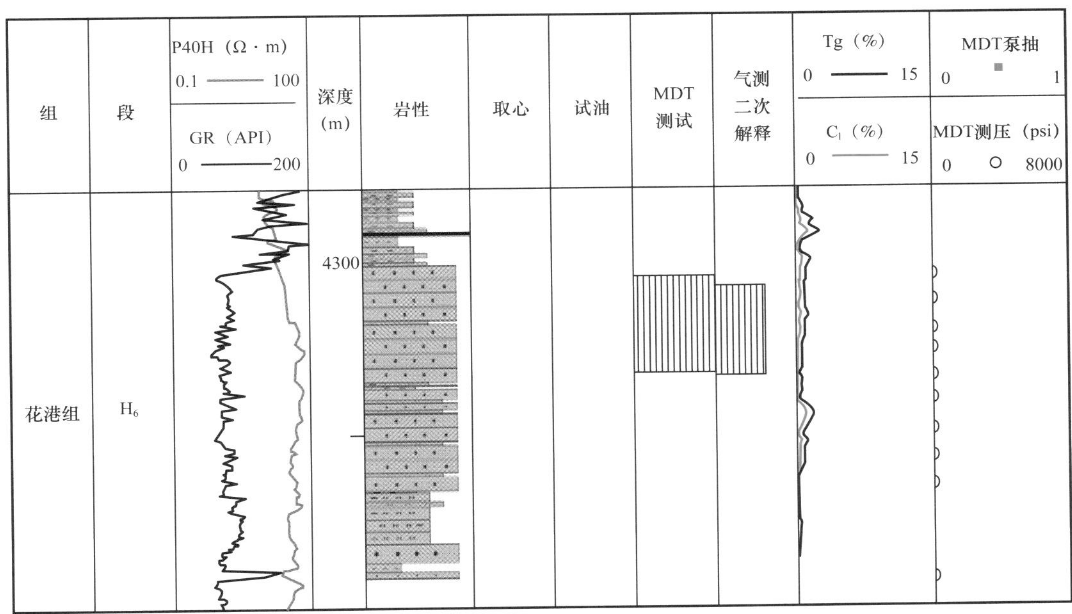

图 2-3　A-2 井 MDT 致密层分析图

将经过校准的解释层筛选出来，并将其参数计算出来，可以建立气测异常倍率解释图版，横坐标为气测异常倍率，纵坐标为气测基值。经过筛选，研究区共有 26 口井有 DST 或 MDT，经过测试校准的解释层一共有 86 层，据此建立的基础图版见图 2-4。

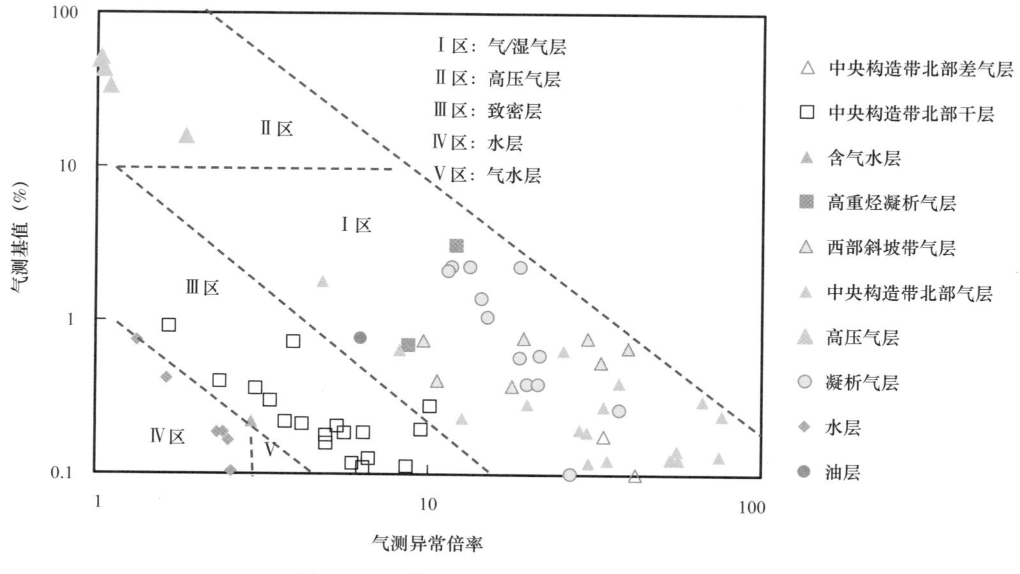

图 2-4　西湖凹陷气测异常倍率基础图版

气测异常倍率基础图版主要分为烃层区、致密层区、气水层区、水层区 4 个区域，其中烃层区还可以细分成干气层区（图版中的中央构造带北部气层区）、凝析气层 / 湿气层区、高压气层区。干气层的气测异常倍率一般大于 15，气测基值一般小于 0.5%；湿气层 / 凝析气层气测异常倍率一般大于 8，气测基值一般为 0.5%～2%；高压气层气测基值一般大于 10%；致密层气测异常倍率一般为 2～10，气测基值一般小于 1%；气水层气测异常倍率一般小于 4，气测基值一般小于 0.5%；水层气测异常倍率一般小于 3，气测基值一般小于 1%。该解释技术能有效区分烃层、致密层、气水层和水层。

4. 目的层数据投点及解释

需要解释的目的层参数的选取和计算需按照上述选取方法和计算标准，选取层特征值、气测基值，数据处理也必须按基础图版中的计算过程进行。将计算好的数据点投到气测异常倍率解释基础图版中，观察其落点位置，结合气测曲线进行解释，给出合适的解释结论。

四、气测异常倍率法使用条件

与气测录井校正的条件类似，要求地质条件、钻井条件、钻井液性质、气测录井检测设备等条件基本一致。除此之外，气测异常倍率解释法要求气测曲线完整、不出现特殊值，同时要求气测曲线进行过深度校准，能与岩屑录井、随钻测井、电缆测井的深度相匹配。

第三节　气测组分法流体识别技术

气测录井的核心数据就是气测总烃及各组分含量（Tg、C_1、C_2、C_3、nC_4、iC_4、nC_5、iC_5），气测总烃用于气测异常倍率解释，气测组分数据则可以进行组分解释。传统的解释方法（三角形图版解释法、皮克斯勒图版解释法、轻烃值解释法）也大量使用了气测组分数据。本书根据研究区流体性质特征，使用适合该地区的参数，建立了气测组分基础图版，其横坐标为甲烷 / 总烃（C_1/Tg），纵坐标为重烃 / 总烃（C_{2+}/Tg）。该图版能有效识别干气层、湿气层、凝析气层、高含油凝析气层。将气测异常倍率解释法难以解释的烃层用气测组分法进行进一步解释，可获得好的效果。两种解释方法联合使用，可以达到满意的解释效果。

一、气测组分法解释目的及原理

气测组分解释法的主要目的是利用气测组分数据进行油气水性质划分，结合气测异常倍率解释以后的烃层，可以完成储层的流体性质解释。

气测组分解释法主要是利用钻头钻碎岩石中释放的烃组分信息来解释流体性质。油层的重烃组分含量很高，破碎岩石释放出的烃重烃组分含量也高，气测录井检测的重烃含量也高，即气测录井的组分数据直接反映地层中流体的气态烃含量特征。油层、含油气层的重烃组分含量最高，凝析气层、湿气层的重烃组分含量次之，干气层的重烃组分含量最低。但需要指出的是，气测录井的各组分数据占比与地层流体各组分占比是不同概念，气测录井的各组分数据是地层流体经过钻井液携带到井口进行录井检测的，其结果受到钻井液黏度、钻井液密度、钻井液中天然气溶解度、温度、钻穿地层的天然气扩散作用等综合作用，仅代表解释层组分的一部分情况，不能将气测组分当作地层流体组分使用。地层中流体的组分特征需要直接从地层中取样（测试），送到实验室进行测定，方能作为可靠数据使用。

二、气测组分法技术要点

气测组分法主要依靠钻井过程中钻头破碎岩石释放出的天然气经钻井液携带到井口，并由气测录井检测仪器检测出的气测组分数据进行解释。气测组分数据主要为甲烷（C_1）、乙烷（C_2）、丙烷（C_3）、正丁烷（nC_4）、异丁烷（iC_4）、正戊烷（nC_5）、异戊烷（iC_5），结合气测总烃数据（Tg），计算出甲烷 / 总烃（C_1/Tg）与重烃 / 总烃（C_{2+}/Tg），分别作横纵坐标即可建立气测组分基础图版，并进行后续的解释工作。气测组分法流体性质识别的主要流程包括：（1）解释层特征值选取与计算；（2）气测组分基础图版数据库建立；（3）气测倍率法初步解释；（4）气测组分法解释。

1. 解释层特征值的选取与计算

解释层特征值的选取与前文所述特征值的选取方法相同，具体选取方法如表 2–2 所述。当气测曲线为箱型时，取曲线稳定的平均值；当气测曲线为饱满型、指型、倒三角型时，取气测曲线半幅点内的平均值；当气测显示为尖峰型时，取气测曲线最大值。

特征值选取以后，构建出不同次级参数体系，主要有传统解释方法使用的 $C_2/\sum C$、$C_3/\sum C$、$nC_4/\sum C$、C_1/C_2、C_1/C_3、C_1/C_4、C_1/C_5、$Wh=(C_2+C_3+C_4+C_5)/\sum C$、$Bh=(C_1+C_2)/(C_3+C_4+C_5)$、$Ch=(C_4+C_5)/C_3$ 等数据。由于传统方法在研究区使用效果一般，同时避免与传统方法使用相同参数体系，本书的气测组分解释法是结合气测异常倍率法进行的。综合来看，本书使用的参数体系为甲烷 / 总烃与重烃 / 总烃，即 C_1/Tg 与（$C_2+C_3+nC_4+iC_4+nC_5+iC_5$）$/Tg$（$C_{2+}/Tg$），该方法用于判断油气水性质有良好的使用效果。

2. 气测组分基础图版数据库的建立

气测组分解释法所使用的基础图版，每个数据点均需要有可靠的数据支撑，一般要求数据库中的地层代表性强，地层厚度大于 5m；有 DST 结论的，使用 DST 结论作为数据库基础数据；有 MDT 泵抽取样的，以泵抽取样数据（油气水比例）作为数据库基础数据；仅有 MDT 测压数据时，测压数据可以获得地层压力梯度的层段作为标准层也比较可靠，通过推算的地层流体密度获取的解释结论，可以作为数据库的基础数据；MDT 测压致密点比较密集出现（一般小于 5m 出现致密点），储层为致密层，也可以作为数据库基础数据。其具体选取方法见前文气测异常倍率图版数据率的建立。气测组分数据库总共包含西湖凹陷中央构造带 11 口井 28 个测试校准层数据，以及西部斜坡带 10 口井 23 个测试校准层数据，一共 51 层。

数据库建立以后，计算 C_1/Tg 与（$C_2+C_3+nC_4+iC_4+nC_5+iC_5$）$/Tg$，分别作横纵坐标，即可建立气测组分解释基础图版（图 2–5）。

气层的重烃 / 总烃比值一般小于 0.05，在图版中是中央构造带北部的气层数据点，主要由于中央构造带北部天然气为干气；高含油凝析气层、油层的重烃 / 总烃比值最高，一般大于 0.12；凝析气层、湿气层的重烃 / 总烃比值一般为 0.05～0.12，图版中数据点为西部斜坡带凝析气层、西部斜坡带气层，这是因为西部斜坡带气层为湿气层，且凝析气层绝大多数出现在西部斜坡带。不同储层流体性质的 C_1/Tg 基本一致，为 0.4～0.9，该数据用于反映是否出现气测总烃异常，假如出现气测总烃异常，比如高压气层，其数据一般小于 0.4，偏离出数据范围，这些数据不可使用。

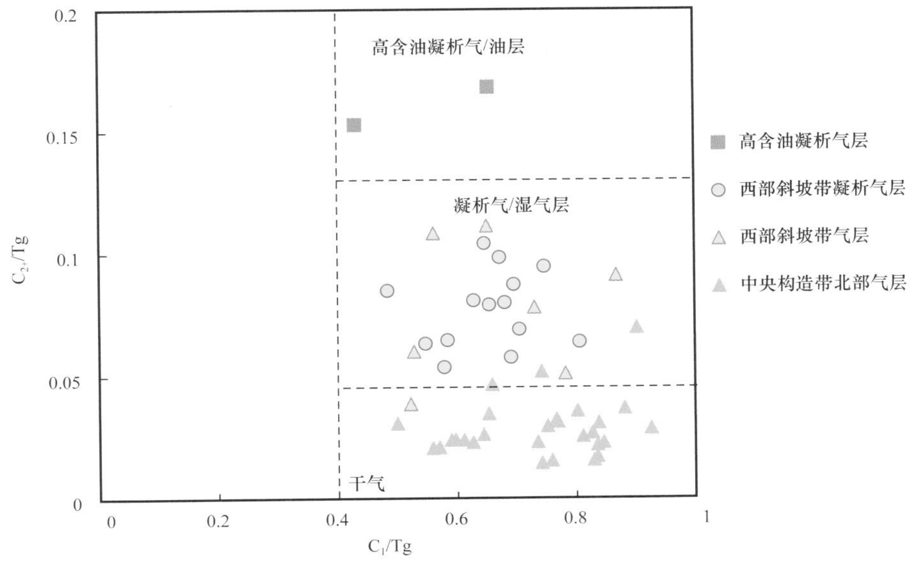

图 2-5　西湖凹陷气测组分解释基础图版

根据气测录井解释工作的实际使用情况，气测组分解释一般不适合作为单独的解释技术。本书的实际做法是，将解释层特征值选择、数据处理等完成以后，首先进行气测异常倍率解释，其解释结论主要有烃层、致密层、气水层、水层，仅剩含烃层有待进一步区分；再将含烃层的数据点进行气测组分解释，即可将含烃层进一步划分出高含油凝析气层、油层、凝析气层、湿气层和气层。综合气测异常倍率法及气测组分法解释，可以比较精细地解释东海地区不同的流体性质，并达到了很好的应用效果。

三、气测组分法使用条件

与气测录井校正、气测异常倍率法的使用条件类似，要求地质条件、钻井条件、钻井液性质、气测录井检测设备等条件基本一致。同时要求气测曲线完整、不出现特殊值，气测曲线进行过深度校准，能与岩屑录井、随钻测井、电缆测井的深度相匹配。除此以外，气测异常倍率解释不能出现 Tg 异常（如高压气层引起的气测 Tg 异常）。

第四节　地球化学及三维荧光录井识别技术

储集岩地球化学录井指的是采用地球化学的手段，对钻井现场钻遇的储层及时进行采样分析，以储层流体性质的识别和评价为主要目的的录井技术。地球化学录井主要包括岩石热解、饱和烃气相色谱以及轻烃地球化学分析技术等（吴欣松，2000；李会，2005），本书主要研究岩石热解参数的流体性质识别技术。地球化学录井可以不受储层岩性、黏土矿物含量、孔隙结构、岩石骨架导电性等因素的影响，有效弥补电性测井存在的不足，但受油基钻井液的影响较大，水基钻井液的地球化学录井流体识别技术有较好使用效果。

荧光录井技术已有近百年的历史，从传统的仅用于定性分析的常规荧光录井已逐渐发展到可精确定量化分析的定量荧光录井。其中，常规荧光录井是紫外光直接照射处理过的岩心、岩屑样品，含芳香烃化合物及其衍生物的样品就能够产生荧光，根据荧光的颜色和强度来肉眼定性判断难以识别的油气显示、含油级别以及性质；二维定量荧光采用固定波长的紫外荧光激发，获取一定范围内的荧光发生谱和荧光强度，通过计算、图谱分析或系列对比从而获得样品中的荧光发射波长、荧光强度、油性指数、荧光级别等参数；三维定量荧光录井考虑了不同烃类成分对光的选择性吸收的特点，将固定波长激发转变为广范围波长的连续激发，通过连续激发波长和发射波长内相应的荧光强度的变化，实现了在定性识别的基础上定量分析流体的成分性质，分析的结果受钻井和地质因素的影响较小（郭书生，2014；王英胜，2014）。三维荧光分析一般用于分析钻井液携带至井口的岩屑、井壁取心、岩心等样品，其数据不受岩性、黏土矿物含量、孔隙结构、电性等影响，但仍受油基钻井液体系的影响，一般水基钻井液的三维荧光录井解释有较好效果。

一、地球化学录井解释目的与原理

地球化学录井主要依靠岩屑、井壁取心、岩心的热解参数进行流体性质解释，解决测井曲线、气测曲线无法有效解释时的研究工作，以达到钻井、测井、气测异常条件下的准确解释。

岩石热解分析方法的原理是将标准质量的储层样品放在岩石评价仪器中通过程序控制进行加热，使样品中游离烃热蒸发、重质组分热裂解，实现烃类气体和残余样品的物理分离，分别对分离的烃类进行检测，对残余样品进行氧化催化后检测，最终根据其生成的产物的类型以及数量进行解释以实现对储集岩评价的目的（图 2-6）。

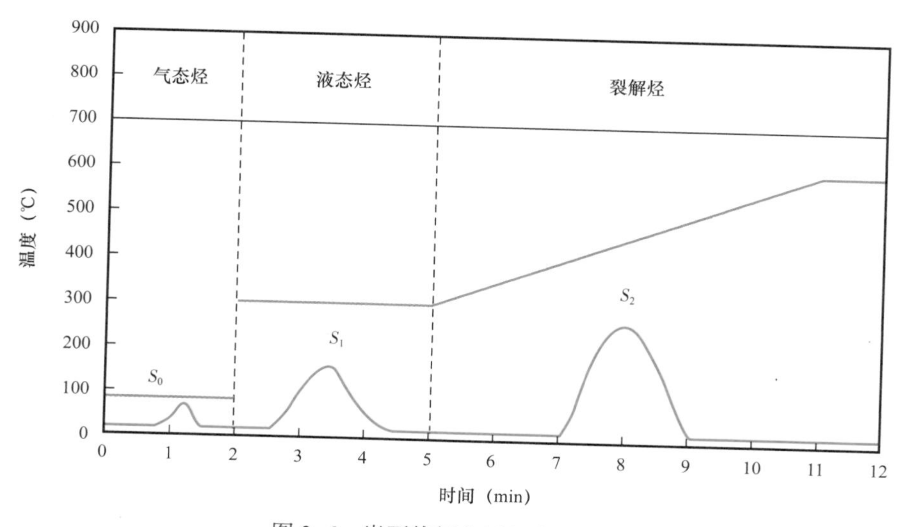

图 2-6　岩石热解分析程序示意图

储层岩屑热解数据大小反映储层含油气性质好坏，一般来说，水层 S_0＜0.01mg/g，S_1＜0.05mg/g，S_2＜0.2mg/g；气层、油气层、凝析气层则地球化学参数相对较高，据此可以初步判断储层流体性质。

二、地球化学录井解释技术要点

地球化学录井所获取的直接参数为气态烃（S_0）、液态烃（S_1）、裂解烃（S_2）、最大裂解峰温（T_{max}），用于解释的数据一般是通过计算的次级参数。地球化学录井数据是离散数据，其数据库与气测录井数据库不同。地球化学录井数据库主要是由经过测试校准的层对应深度的地球化学参数组成，数据点比较密集且数据相似的层段一般取平均值。地球化学录井解释技术主要包含：（1）地球化学参数体系；（2）数据库与基础图版；（3）目的层数据投点与解释。

1. 地球化学参数体系及其含义

S_0：将热解温度调至 90℃对储集岩样品加热时出现的峰，经面积积分求得的气态烃的含量，用 mg/g（烃 / 岩石）表示。

S_1：将热解温度调至 300℃对储集岩样品持续加热 3min 时出现的峰，经面积积分求得的液态烃的含量，用 mg/g（烃 / 岩石）表示。

S_2：热解温度从 300℃升至 600℃对储集岩样品加热过程中出现的峰，经面积积分求得的热解烃的含量，用 mg/g（烃 / 岩石）表示。

T_{max}：S_2 最高点所对应的温度，℃。

使用的次级参数主要包括：总烃量（PG）、轻重组分指数（PS）、产油率指数（OPI）、重油指数（HPI），其计算公式如下。

1）总烃量（PG）

$$PG=S_0+S_1+S_2 \tag{2-7}$$

式中，PG 表示储集岩中气态烃、液态烃和裂解烃之和，用 mg/g（烃 / 岩石）表示，通常情况下，PG 越高，储层产烃的可能性越大，反之越小，越可能产水或为干层。

2）轻重组分指数（PS）

$$PS=S_1/S_2 \tag{2-8}$$

式中，PS 为无量纲，反映储层烃类的性质，PS 越大反映烃类越轻，反之则越重。因此，理想情况下可以用 PS 来评估储层中流体的性质。

3）产油率指数（OPI）

$$OPI=S_1/(S_0+S_1+S_2) \quad (2-9)$$

式中，OPI 为无量纲，反映储层中烃类为液态油的可能性。

4）重油指数（HPI）

$$HPI=S_2/(S_0+S_1+S_2) \quad (2-10)$$

式中，HPI 为无量纲，反映储层中重质烃类及胶质和沥青质的含量，HPI 越大，油质越重。

2. 数据库与基础图版

地球化学录井解释法所使用的数据库，每个数据点均需要有可靠的数据支撑。首先要确定可靠的解释层：要求地层厚度大于 5m；有 DST 结论的，使用 DST 结论作为数据库基础数据；有 MDT 泵抽取样的，以泵抽取样数据（油气水比例）为数据库基础数据；仅有 MDT 测压数据时，测压数据可以获得地层压力梯度的层段作为标准层也比较可靠，通过推算的地层流体密度获取的解释结论，可以作为数据库的基础数据；MDT 测压致密点比较密集出现（一般小于 5m 出现致密点），储层为致密层，也可以作为数据库基础数据。选取经过 DST 或 MDT 校准的解释层，将对应层检测的所有地球化学数据筛选出来，并且将密集数据采用平均值的方法进行处理，使得每 5～10m 有一个代表性的地球化学录井数据，该数据即可组成数据库。

数据库建立完成以后，计算出（S_0+S_1）/（$S_0+S_1+S_2$）、S_1/S_2 及 $S_1/(S_0+S_1+S_2)$、S_0+S_1，前两者为轻重比率图版横纵坐标，后两者为可溶烃含量图版横纵坐标。由于不同地区组分数据差距较大，本书根据研究区地球化学录井特征，将地球化学录井解释技术划分成孔雀亭地区识别技术模块与黄岩地区识别技术模块。其中，孔雀亭地区数据库为 4 口井 16 个测试校准层，一共 32 个岩屑样品地球化学数据；黄岩地区数据库为 5 口井 14 个校准层，一共 76 个岩屑样品地球化学数据。

孔雀亭地区轻重比率基础图版横坐标（S_0+S_1）/（$S_0+S_1+S_2$）反映储层可溶烃与生烃潜力的比值，纵坐标 S_1/S_2 反映储层中可动烃与不可动烃相对含量的变化，将二者计算数据进行投点构建轻重比率图版，用以划分凝析气层、气层、水层等。凝析气层的含烃总量、可溶烃比率均较高，气层的含烃总量、可溶烃比率中等，水层的各类次级参数均较低。孔雀亭地区的凝析气层 $S_1/S_2>0.5$、（S_0+S_1）/（$S_0+S_1+S_2$）>0.35；气层 S_1/S_2 为 0.3～0.5、（S_0+S_1）/（$S_0+S_1+S_2$）为 0.15～0.35；水层 $S_1/S_2<0.3$、（S_0+S_1）/（$S_0+S_1+S_2$）<0.15（图 2-7）。

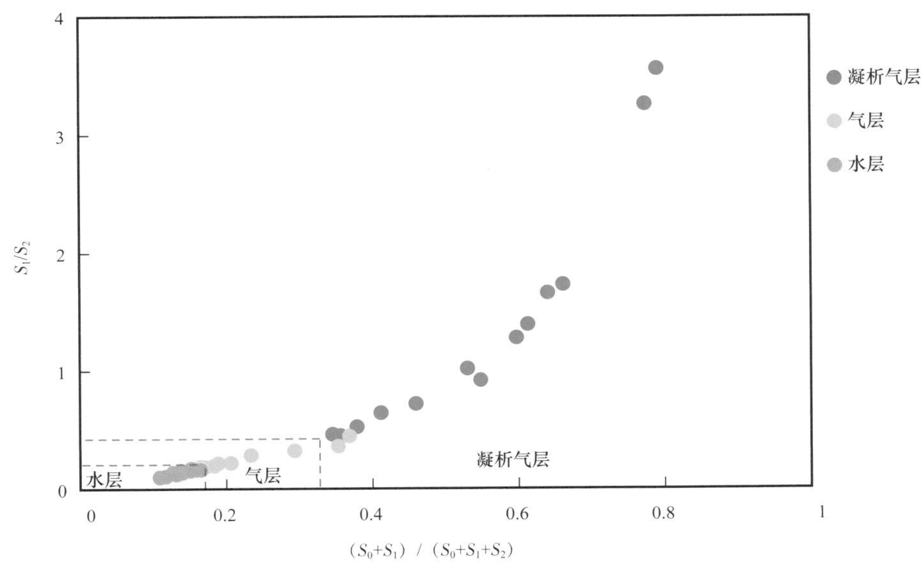

图 2–7　孔雀亭地区地球化学录井轻重比率基础图版

孔雀亭地区可溶烃含量基础图版横坐标 $S_1/(S_0+S_1+S_2)$ 反映液态烃含量，用于判断储层偏轻质油还是偏气层，纵坐标 S_0+S_1 为岩石可溶烃含量，单位为 mg/g，反映储层含油性的好坏。凝析气层的可溶烃含量、液态烃比率高，气层的可溶烃含量、液态烃比率中等，水层的各类次级参数均较低。凝析气层 $S_1/(S_0+S_1+S_2)>0.3$、$S_0+S_1>0.3$mg/g；气层 $S_1/(S_0+S_1+S_2)$ 为 0.15～0.3、S_0+S_1 为 0.1～0.3mg/g；水层 $S_1/(S_0+S_1+S_2)<0.15$、$S_0+S_1<0.15$mg/g（图 2–8）。

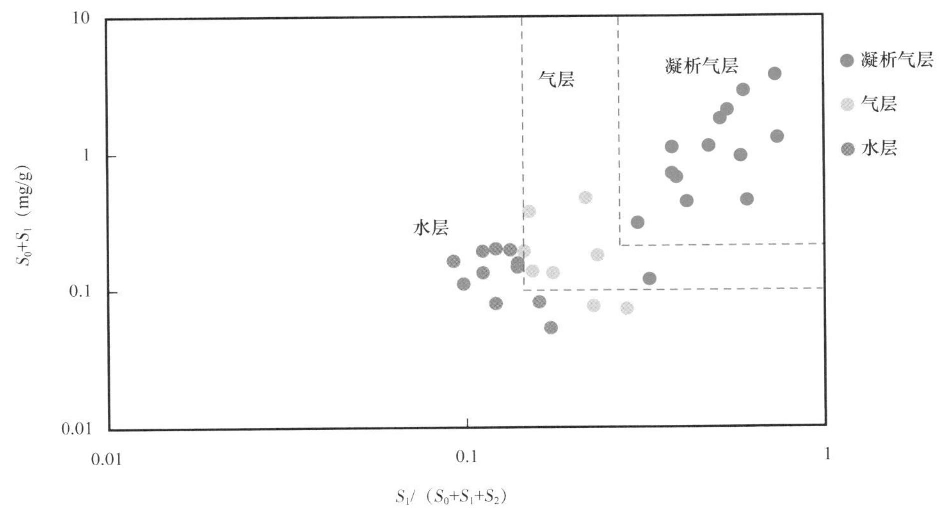

图 2–8　孔雀亭地区地球化学录井可溶烃含量基础图版

黄岩地区轻重比率基础图版与可溶烃含量基础图版数据处理与交会图作法相同，受流体性质组分的影响，黄岩地区凝析气层与气层较难区分、使用效果一般。对于轻重比率图版，凝析气层 S_1/S_2>0.35、（S_0+S_1）/（$S_0+S_1+S_2$）>0.5；气层 S_1/S_2 为 0.3～0.35、（S_0+S_1）/（$S_0+S_1+S_2$）为 0.3～0.5；水层及气水层的 S_1/S_2<0.3、（S_0+S_1）/（$S_0+S_1+S_2$）<0.3，水层及气水层较难区分。对于可溶烃含量基础图版，凝析气层及气层 S_1/（$S_0+S_1+S_2$）>0.2、S_0+S_1>0.1mg/g；气水层 S_1/（$S_0+S_1+S_2$）为 0.1～0.2、S_0+S_1 为 0.05～0.3mg/g；水层 S_1/（$S_0+S_1+S_2$）<0.2、S_0+S_1<0.1mg/g，气层与凝析气层难以区分（图 2-9）。

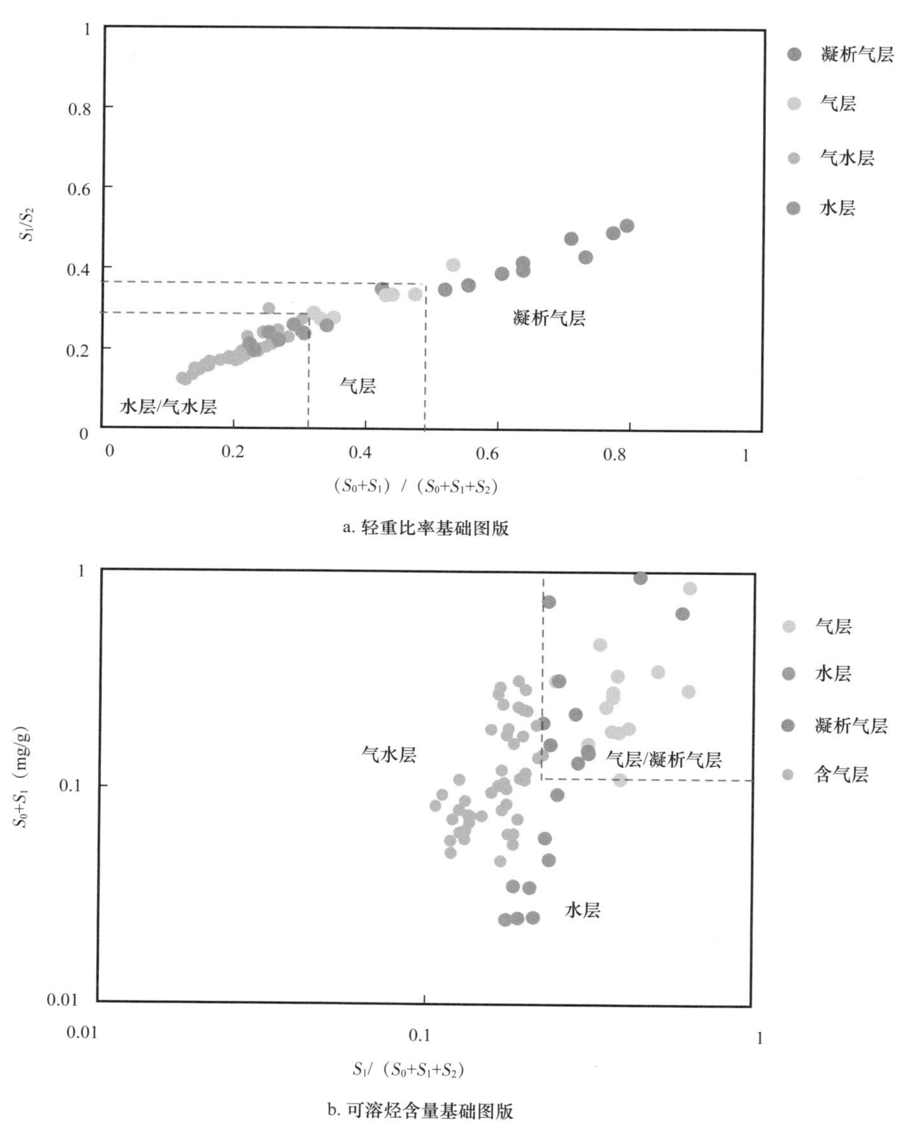

图 2-9 黄岩地区地球化学录井轻重比率及可溶烃含量基础图版

由于黄岩地区低渗层不同性质流体的热解参数值在轻重比率及可溶烃含量基础图版上的分布具有较大的重叠性，特别是水层和含烃层（气层、凝析气层）的数据点相互重合，该图版在黄岩地区识别效果不理想。针对这一判别方法存在的不足，尝试通过产油率指数（OPI）与亮点指数（BSI）的交会图版来进行区分。前人在研究油气显示类型时，提出了新的概念，即亮点技术，将含油气总量即总烃量（PG）与轻重组分指数（P_S）的乘积，定义为亮点指数，用公式“PG×PS”来表示（吴欣松，2000）。PG理论上可以反映储层产烃的可能性，但研究区只利用PG并不能有效地将水层和烃层区分开，而通过PG与PS的相乘就能进一步放大水层和含烃层之间的差异，水层PG和PS都小，其乘积更小，反之，含烃层的两个参数值都大，相乘的结果更大。所以，以亮点指数作为横坐标在是否含烃上做一个大体的区分，再在纵坐标产油率指数的约束下，二者相互结合可以达到区分流体性质的目的。

将数据库中的数据再次进行处理，以亮点指数和产油率指数作为横纵坐标进行作图，可得到亮点指数基础图版。西部斜坡带孔雀亭地区区分效果更好，随着亮点指数和产油率指数逐渐增大，反映储层含烃丰度增大，所含烃类性质的变化，逐渐指示水层、气层和凝析气层（图2-10）。

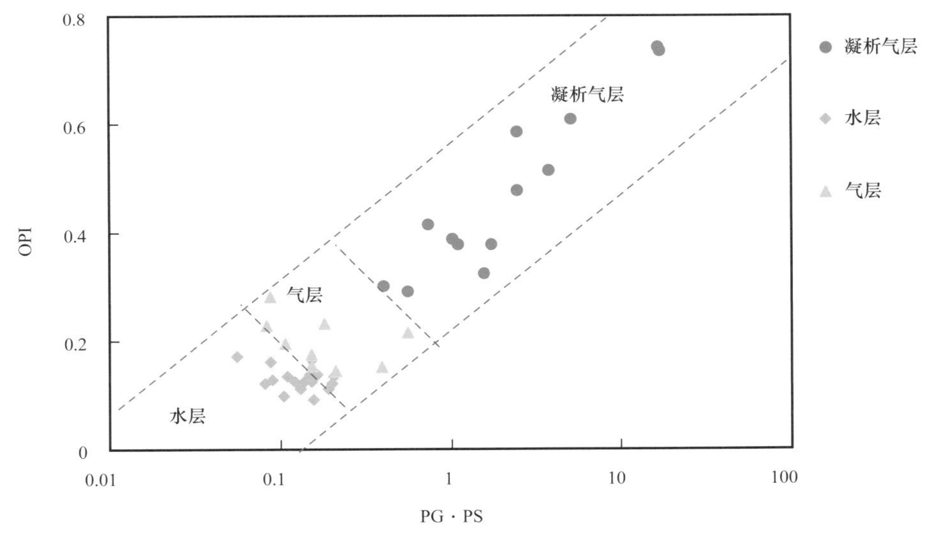

图2-10　孔雀亭地区亮点指数基础图版

一方面，中央构造带黄岩地区应用亮点指数基础图版对流体性质的识别效果对比该地区的轻重比率图版有了一定的提高（图2-11），表现在水层、含气水层、气层三者之间的界限更为分明，凝析气层与气层之间也有一个良好的区分界限。另一方面，不同性质储层岩石热解分析数据点的分布趋势与西部斜坡带大体是一致的，但横纵坐标参数界限值上存在明显的差异。

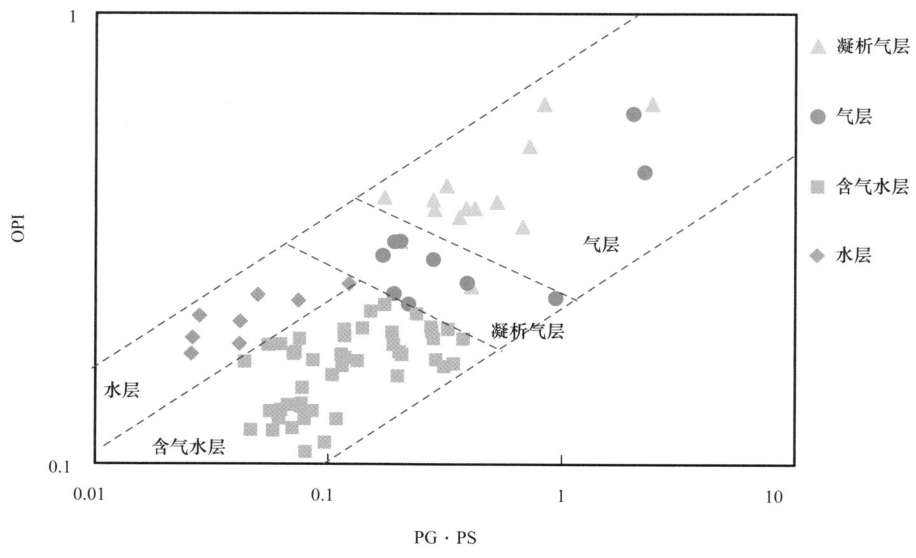

图 2-11　黄岩地区亮点指数基础图版

综合孔雀亭地区及黄岩地区的地球化学解释基础图版分析，认为孔雀亭地区地球化学识别技术使用效果较好，能准确识别出凝析气层、气层、水层。黄岩地区的地球化学录井识别技术使用效果一般。

3. 目的层数据投点与解释

地球化学录井需要分地区进行解释，目前根据数据情况，流体性质与孔雀亭地区相近的数据使用孔雀亭地区地球化学基础图版解释，与黄岩地区流体性质相近的地区使用黄岩地区地球化学基础图版解释。由于一个代表层的地球化学数据有多组，故而以大多数地球化学数据投点结果作为解释结论。

三、三维荧光录井解释目的与原理

三维荧光录井解释的主要目的是依靠三维荧光录井的谱图、参数进行流体性质划分，解决气测录井传统方法难以准确解释凝析气层、湿气层、气层、油层等流体性质的问题，作为测井、录井解释的有效补充。

三维荧光录井技术的分析原理是氙灯发出的光束直接照射到 EX 分光器，分光器每转动一定角度（10nm）就允许对应波长的光通过，连续转动分光器的过程中，200～800nm 范围内连续波长的激发光通过分光器照射到样品池，从而激发样品池中的荧光物质发射荧光（200～800nm），阵列感应器接收荧光，将处理后的荧光光谱以信号的形式传送至计算机，最终样品的荧光信息通过数据或图谱的形式输出。受化学键能的影响，一般来说气层最佳激发及发射波长最短，轻质油层、凝析气层最佳激发及发射波长略长，油层、重质油层最佳激发及发射波长最长。研究区主要样品的最佳激发波长范围为270～345nm，最佳发射波长为290～400nm。

四、三维荧光录井解释技术要点

三维荧光录井解释主要依靠荧光谱图、最佳激发及发射波长、次级参数等进行解释。岩屑三维荧光录井每2m检测一次，同时会有离散数据格式的井壁取心三维荧光录井，故而其数据库与气测录井不同，与地球化学录井数据库组织模式相近。三维荧光录井数据库采用单个校准层存在多组三维荧光数据的模式组建数据库，其中岩屑三维荧光录井数据相近的井段取平均值。三维荧光录井主要解释流程为：（1）三维荧光录井参数体系；（2）三维荧光谱图识别；（3）数据库与基础图版建立；（4）三维荧光录井解释。

1. 三维荧光录井参数体系

不同烃类物质的实验研究发现具有不同的荧光图谱特征，即样品中不同烃类成分在最佳激发波长光的照射激发作用下，会相应产生不同的最佳发射波长的荧光，对应的最大荧光强度也有所不同。它们三者之间的关系可通过输出谱图的形式来表示，且谱图的类型丰富多样，包括等值线谱图、立体谱图以及不同激发波长下的发射谱图（图2–12），从谱图中可以快速直观地获取激发波长、发射波长以及荧光强度等基本参数信息。

三维荧光主要次级参数如下。

（1）对比级别：指单位质量的样品中被测物质产生的荧光在荧光系列中的对比级别，即被试剂萃取出的烃类物质的含油气级别，用字母 N 来表示。

（2）油性指数：代表重质组分荧光峰对应的强度与轻质组分强度的比值，用 O_c 来表示。

（3）相当油含量：指实际样品荧光强度与标样（油含量）荧光强度对比获得的相当油含量，单位为mg/L。

2. 三维荧光图谱的识别

在海上深层油气藏的勘探开发中，钻井液添加剂成分较为复杂，为确保钻井作业的安全，常常在钻井液中加入部分荧光添加剂，导致地层受到污染、油气识别受阻等情况，这无疑给油气录井的识别带来了很大的挑战。对比不同样品的荧光等值线图可以很直观地发现，通常情况下，凝析气层的荧光等值线图往往呈单峰的形式平行于正己烷出峰位置出现，出峰位置较规律，等值线较规则、圆滑、饱满；钻井液添加剂荧光等值线图中，出峰位置无规律，具体对应于钻井液添加剂组成物质，常以两个或两个以上的荧光峰为主要特征；而研究区测试结论为干层的荧光谱图，也出现了荧光峰，且主峰对应的最佳激发波长和发射波长比凝析气层更大，但由于提供的等值线谱图资料很少，不能准确判断干层的谱图形态和出峰位置（图 2-13）。因此，可以利用三维荧光等值线谱图的形态特征、出峰数量以及出峰位置，初步对油气显示的真假进行快速识别，剔除那些受到钻井液添加剂污染的假油气显示。

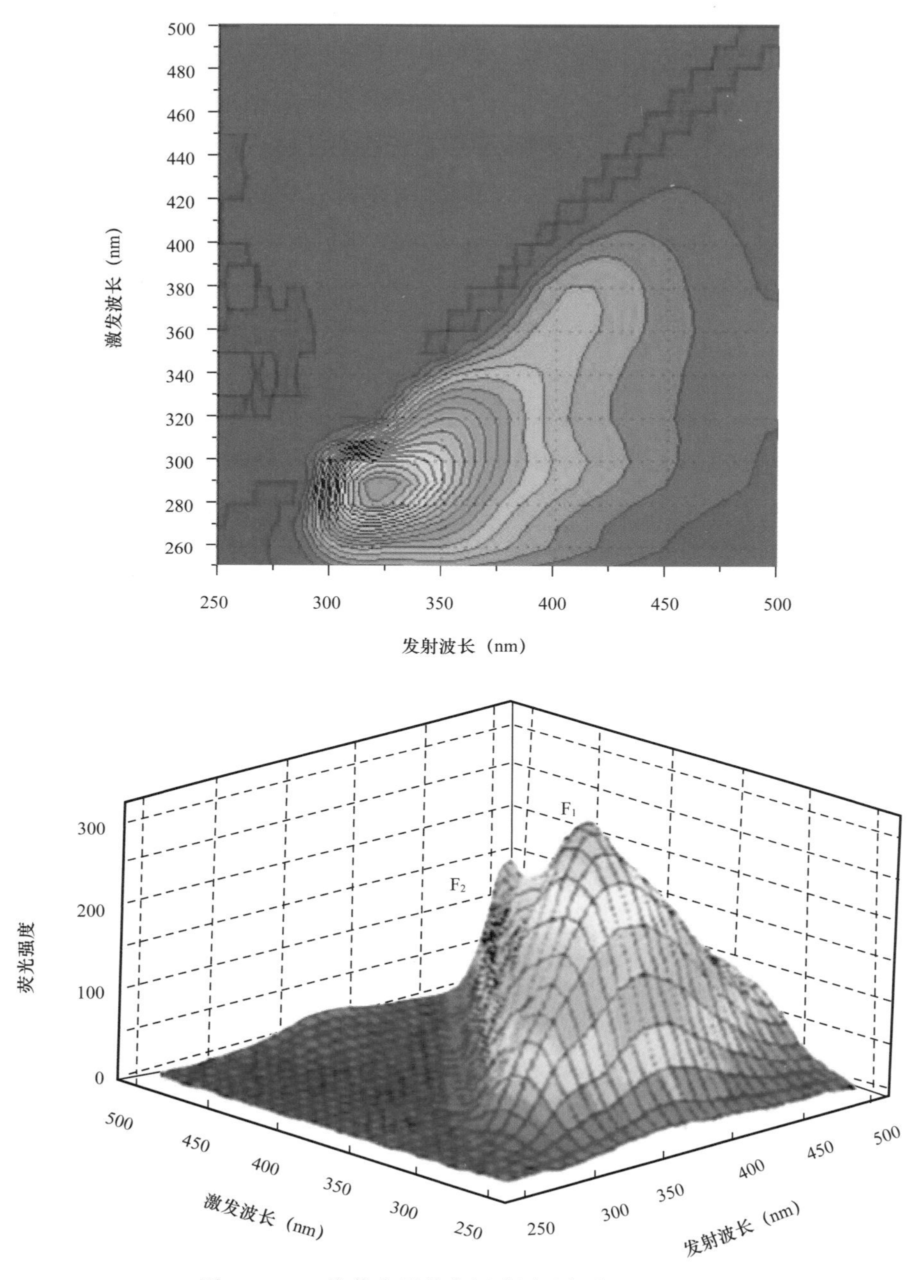

图 2-12　三维荧光录井分析谱图（据姜丽，2011）

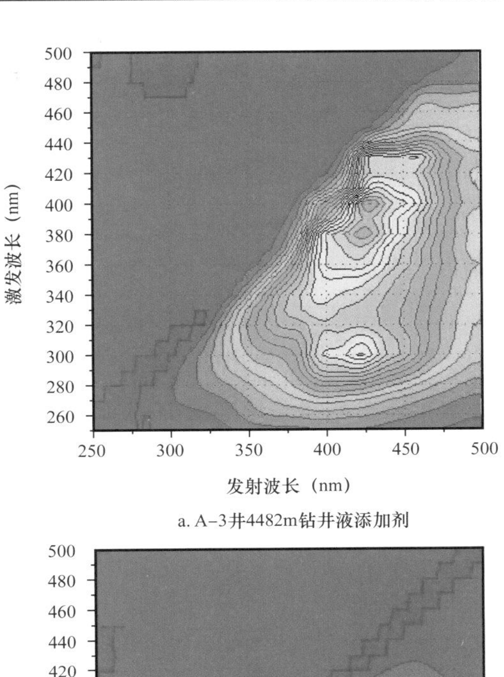

a. A-3井4482m钻井液添加剂

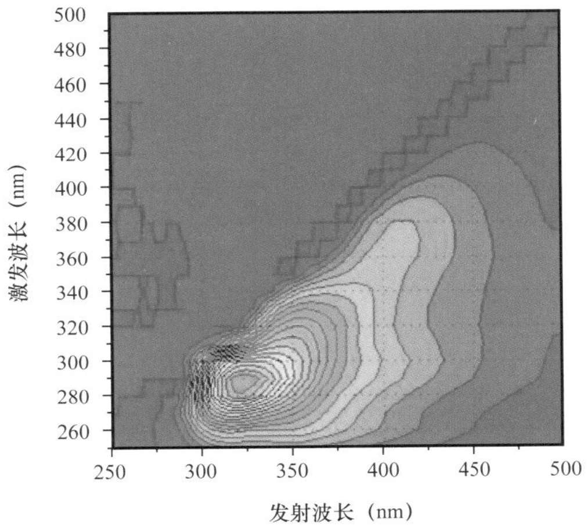

b. IS-1井4388m凝析气层

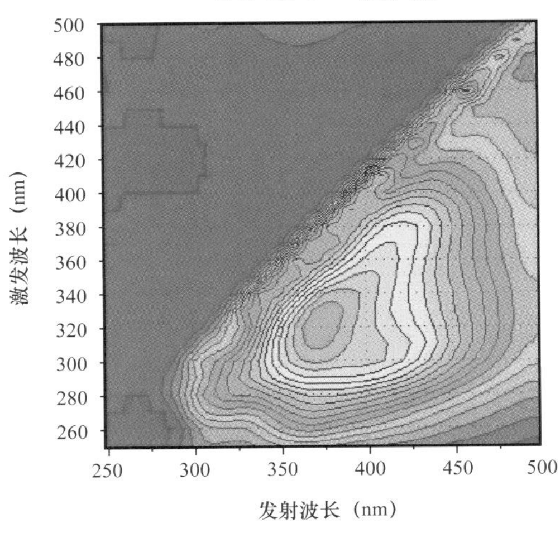

c. GE-1S井4796m干层

图 2-13　三维荧光录井谱图识别示例

3. 数据库与基础图版的建立

数据库主要依靠校准后的解释层，解释层校准方法与前文所述相同，要求地层厚度大于5m；有DST结论的，使用DST结论作为数据库基础数据；有MDT泵抽取样的，以泵抽取样数据（油气水比例）为数据库基础数据；仅有MDT测压数据时，测压数据可以获得地层压力梯度的层段作为标准层也十分可靠，通过推算的地层流体密度获取的解释结论，可以作为数据库的基础数据；MDT测压致密点比较密集出现（一般小于5m出现致密点），储层为致密层，也可以作为数据率基础数据。三维荧光录井数据包含连续型数据也包含离散型数据，其数据库并不需要取每个校准层的特征值，而是将经过校准的解释层所对应的所有三维荧光数据（包含岩屑三维荧光及井壁取心三维荧光数据）都作为数据库中的基础数据。本书数据库包括中央构造带7口井13层282个数据、西部斜坡带3口井6层83个数据，总共约360个三维荧光数据。

中央构造带与西部斜坡带流体性质差别较大，实际运用过程中按地区分别建立解释方法。本书采用基础图版作为解释手段，基础图版分为油含量图版及轻重比图版，油含量图版横坐标为对比级别，纵坐标为相当油含量；轻重比图版横坐标为油性指数，纵坐标为对比级别。

中央构造带三维荧光解释基础图版能较好地区分气层、气水层、水层。气层相当油含量大于5mg/L，对比级别大于4，油性指数为0.6～1.5；气水层相当油含量为1.5～5mg/L，对比级别为2.5～4，油性指数为0.6～2；水层相当油含量小于1.5mg/L，对比级别小于2.5，油性指数为0.8～1.8（图2–14）。

受储层重烃组分含量较高的影响，西部斜坡带三维荧光录井解释较难区分凝析气层、气层。西部斜坡带凝析气层/气层相当油含量大于5mg/L，对比级别大于4，油性指数为0.4～1.2；水层相当油含量小于5mg/L，对比级别小于4，油性指数小于2（图2–15）。

三维定量荧光技术识别油层、气层有较好效果，但对于以凝析气层及湿气层为主的西部斜坡带，则应用效果一般，主要受湿气层的重烃组分与凝析气层组分比较相近的影响，在使用过程中要考虑流体性质对识别图版的影响。

五、地球化学及三维荧光录井使用条件

与气测校正、气测异常倍率法、气测组分法解释的使用条件类似，要求地质条件、钻井条件、钻井液类型、流体性质主要类型等要与基础图版中的数据基本一致，同时要求地球化学、三维荧光录井数据完整、检测异常情况较少、数据可以重现等，最好是其数据按深度为连续分布的数据。除此之外，要求钻井液最好是水基钻井液，油基钻井液条件下因

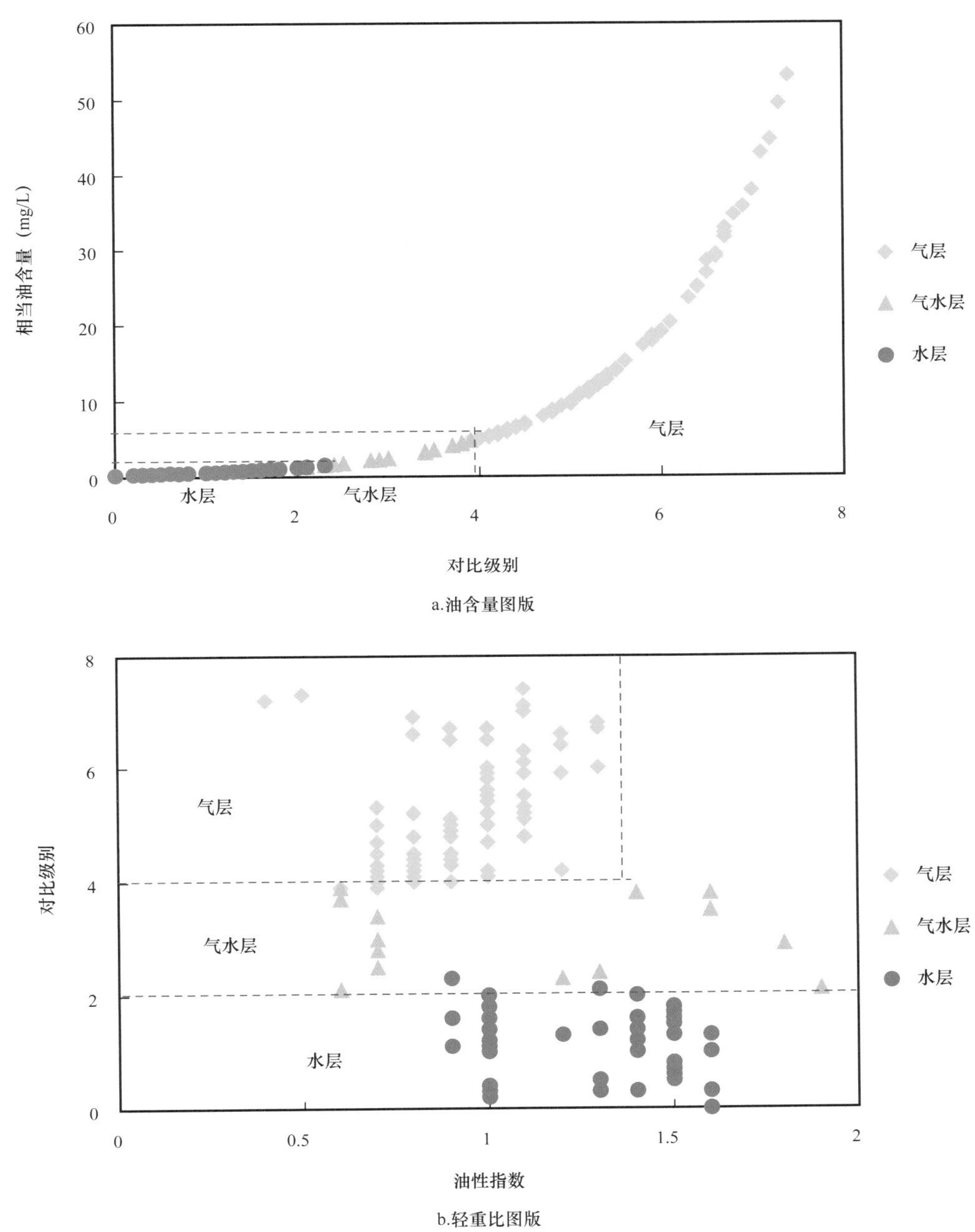

图 2–14　中央构造带三维荧光解释基础图版

其受钻井液影响过大无法直接用地球化学、三维荧光录井参数解释，需要做背景值校正方可得到正确的解释结果。目前地球化学、三维荧光录井解释方法对于水基钻井液的解释效果较好。

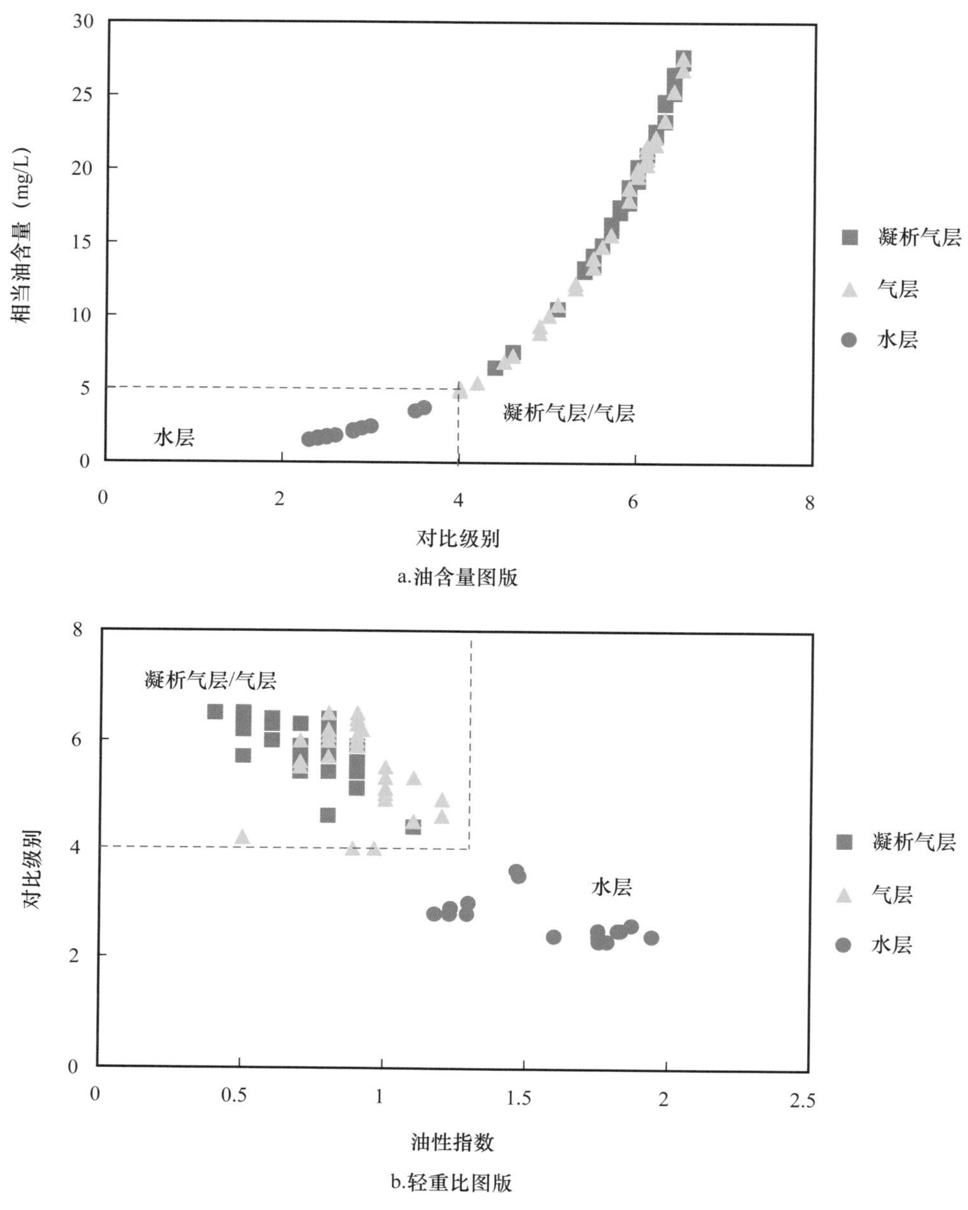

图 2-15　西部斜坡带三维荧光解释基础图版

第五节　随钻测—录井联合流体识别技术

随钻测—录井联合流体性质识别技术主要是依靠随钻测井数据中的电阻率数据（主要使用随钻电阻率数据），以及气测总烃（Tg）、各组分含量（C_1、C_2、C_3、nC_4、iC_4、nC_5、iC_5）进行解释的技术。其解释流程首先根据解释层选择、特征值选取原则将解释层的数据选取出来，再对随钻电阻率、Tg、C_1/C_{2+}三端元采用标准值归一化，而后进行等权重分配建立权重三角流体性质识别基础图版，即可进行目标层的解释。随钻测—录井联合流体识别技术可以识别出凝析气层、气层、低阻气层、致密层、水层、气水层等，更好地完成研究区的精细解释要求，解释结论与测试结论符合率大于85%，解释效果良好。

一、随钻测—录井联合流体识别目的及原理

东海地区油气层性质比较复杂，有油层、凝析气层、气层、水层，也有低阻气层、高压气层、高阻水层等特殊层，仅使用气测录井数据或仅使用测井数据，难以准确判别流体性质，测—录井联合的目的则是进行复杂流体性质的解释与识别。

随钻测井主要包括电阻率和伽马测井，随钻测井参数可以避免钻井液侵入的影响，电阻率数据能真实反映地层实际情况，对于油气层的显示很灵敏，同时也能反映岩石物性。气测录井主要检测由钻井液携带的破碎岩石释放的烃，气测录井检测值高，反映单位岩石的含烃量高，气测总烃主要用于判断油气层好坏，而气测组分数据可以反映油气水特征，主要是由于油层、凝析气层、湿气层、干气层、水层的天然气组分不同。综合来看，随钻测井反映是否是油气层或储层物性，气测总烃反映油气层丰度，气测组分反映油气水组分的特征，可以根据这三组参数进行测—录井联合流体识别。

二、随钻测—录井联合识别技术要点

随钻测—录井联合识别技术主要包含解释层特征值求取模块、三端元数据归一化、三端元数据等权重分配模块、解释图版基础数据库模块、图版解释模块等5个模块。

1. 解释层特征值的选取

解释层主要选择与气测显示较一致、电性特征稳定、没有明显夹层且厚度较大的储层为宜。解释层特征值选择的主要原则是能够梯度化显示油气特征，当气测曲线为箱型时，取曲线稳定的平均值；当气测曲线为饱满型、指型、倒三角型时，取气测曲线半幅点内的平均值；当气测显示为单峰型时，取气测曲线最大值（表2-2）。该方法不仅能凸显烃层与非烃层之间的差异，而且能更好地表现出烃层显示级别之间的差异。

2. 三端元数据的归一化

由于测—录井联合识别技术使用气测总烃（Tg）、随钻电阻率（P40H）、甲烷系数（C_1/C_{2+}）三类数据，其量纲不同，无法进行直接比较，故而本书使用标准值归一化方法进行处理。具体做法是分别选取总烃标准值、随钻电阻率标准值、甲烷系数标准值，使用公式：

$$Tg_{归一}=(Tg-Tg_{min})/(Tg_{标准}-Tg_{min})$$
$$P40H_{归一}=(P40H-P40H_{min})/(P40H_{标准}-P40H_{min}) \quad (2-11)$$
$$C_1/C_{2+归一}=(C_1/C_{2+}-C_1/C_{2+min})/(C_1/C_{2+标准}-C_1/C_{2+min})$$

式中，$Tg_{标准}$为选取的总烃标准值；Tg 为解释层总烃特征值；Tg_{min} 为当前井非含气储层的总烃特征值；$P40H_{标准}$为选取的随钻电阻率标准值；P40H 为解释层随钻电阻率特征值；$P40H_{min}$ 为当前井非含气储层的随钻电阻率特征值；$C_1/C_{2+标准}$为选取的甲烷系数标准值；C_1/C_{2+} 为解释层甲烷系数特征值；C_1/C_{2+min} 为当前井非含气储层的甲烷系数特征值。

标准值选取研究区气层总烃、随钻电阻率、甲烷系数的中位值，该选取方法避免了气测异常、电阻率异常等复杂情况，同时将整个地区综合考虑，有利于周边地区的拓展使用。

图 2-16 为总烃归一化所使用的标准值选取依据。将研究区主要的气层按其总烃大小排列，取其中位值。如图 2-16 所示，其中位值约为 7.8%，为了取值方便，本书将 8% 作为总烃归一化的标准值。

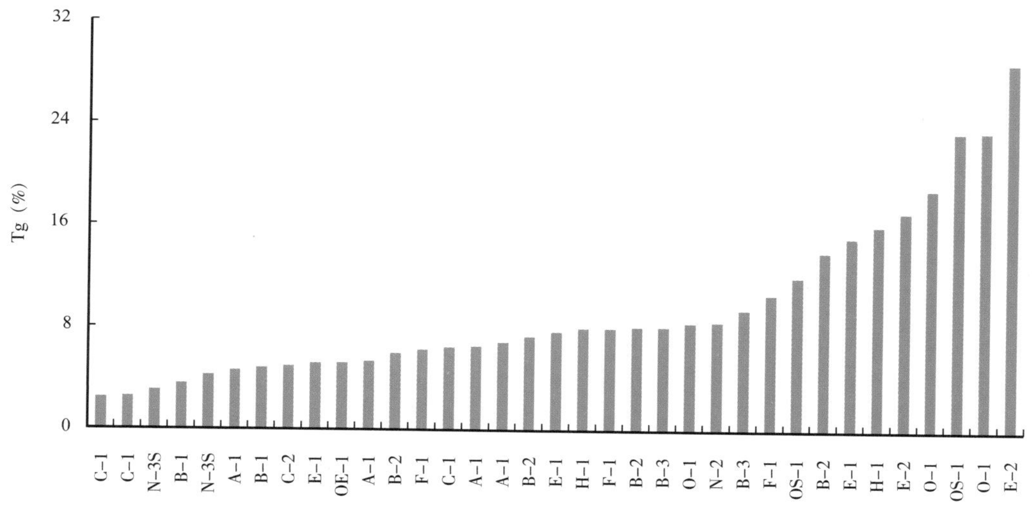

图 2-16　气测总烃归一化的标准值选择

图 2-17 为随钻电阻率归一化的标准值选择依据。将主要气层的随钻电阻率从小到大排列，将其中位值当作随钻电阻率归一化的标准值。图 2-17 的中位值约为 39Ω·m，取整为 40Ω·m，本书使用的随钻电阻率归一化标准值为 40Ω·m。

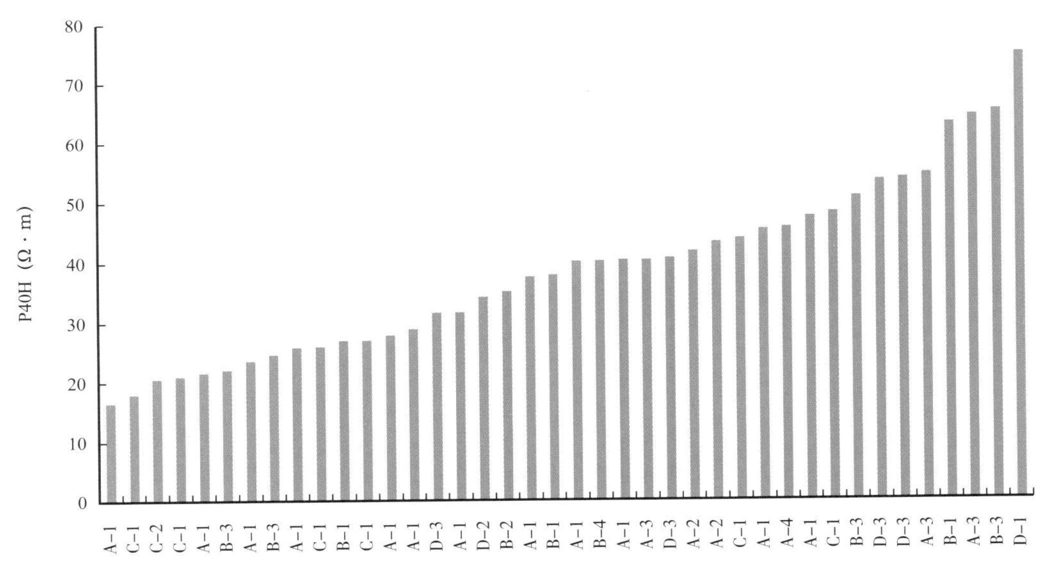

图 2–17　随钻电阻率归一化的标准值选择

图 2–18 为中央构造带北部甲烷系数归一化的标准值选择依据。将中央构造带北部主要气层的甲烷系数从小到大排序，取其中位值。图 2–18 中中央构造带北部甲烷系数中位值为 43，本书为了使得气测组分数据更能体现气层与非气层的区别，将甲烷系数归一化标准值取为 50，并且在实际使用过程中效果很好。

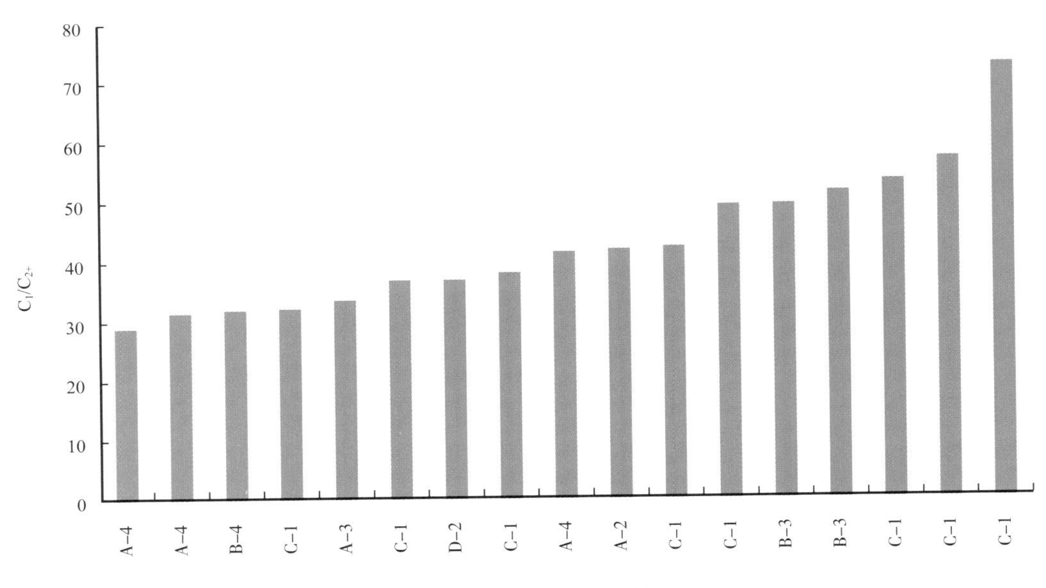

图 2–18　甲烷系数归一化的标准值选择

综上所述，本书采用标准值的方法进行归一，标准值为Tg=8%，C_1/C_{2+}=50，P40H=40Ω·m。

3. 三端元等权重分配

经过实际的气测录井解释工作分析，认为电阻率、气测总烃、气测组分特征均能较为有效地进行油气层识别，实际工作中并未发现某项参数比其他参数有明显优势，故而，本书认为气测总烃、随钻电阻率、甲烷系数为油气层解释的等权重参数。具体的数学处理过程为

$$
\begin{aligned}
Tg_{权重} &= Tg_{归一} / (Tg_{归一} + P40H_{归一} + C_1/C_{2+归一}) \\
P40H_{权重} &= P40H_{归一} / (Tg_{归一} + P40H_{归一} + C_1/C_{2+归一}) \\
C_1/C_{2+权重} &= C_1/C_{2+归一} / (Tg_{归一} + P40H_{归一} + C_1/C_{2+归一})
\end{aligned}
\tag{2-12}
$$

式中，$Tg_{权重}$为气测总烃值计算后的权重值；$P40H_{权重}$为随钻电阻率值计算后的权重值；$C_1/C_{2+权重}$为甲烷系数值计算后的权重值；$Tg_{归一}$、$P40H_{归一}$、$C_1/C_{2+归一}$分别为Tg、P40H、C_1/C_{2+}归一化之后的数据。

将三端元参数计算出以后，即可计算数据点坐标：

$$X = C_1/C_{2+权重} + Tg_{权重}/2 \tag{2-13}$$

$$Y = Tg_{权重} \times 0.85 \tag{2-14}$$

式中，$Tg_{权重}$、$C_1/C_{2+权重}$为经过公式（2-12）计算的结果；X、Y为需要计算出投点的数据坐标值。将得出的横纵坐标值进行投点，即可得到随钻测—录井联合流体识别技术的权重三角图版。随后，根据解释数据库的基础数据，进行未知区域的油气层解释。

4. 数据库模块

测—录井联合流体识别技术所使用的基础图版，每个数据点均需要有可靠的数据支撑，一般要求数据库中的地层代表性强，地层厚度大于5m；有DST结论的，使用DST结论作为数据库基础数据；有MDT泵抽取样的，以泵抽取样数据（油气水比例）作为数据库基础数据；仅有MDT测压数据时，测压数据可以获得地层压力梯度的层段作为标准层也十分可靠，通过推算的地层流体密度获取的解释结论，可以作为数据库的基础数据；MDT测压致密点比较密集出现（一般小于5m出现致密点），储层为致密层，也可以作为数据库基础数据。

数据库主要为中央构造带北部、中央构造带南部、西次洼、西部斜坡带等地区24口

井 86 个测试层数据，涵盖了西湖凹陷主要勘探区域，包括气层、水层、湿气层、凝析气层、致密层、低阻气层等，具有极强的代表性，并且可以对周边地区进行解释。

图 2–19 为测—录井联合识别技术的权重三角图版。水层 C_1/C_{2+} 的权重一般大于 60%，Tg 的权重一般小于 20%，P40H 的权重一般小于 40%；致密层 C_1/C_{2+} 的权重一般为 20%～50%，Tg 的权重一般小于 30%，P40H 的权重一般为 40%～70%；气层 C_1/C_{2+} 的权重一般为 20%～50%，Tg 的权重一般为 20%～60%，P40H 的权重一般为 10%～50%；低阻气层 C_1/C_{2+} 的权重一般为 30%～50%，Tg 的权重一般为 20%～60%，P40H 的权重一般小于 10%；凝析气层 / 湿气层 C_1/C_{2+} 的权重一般小于 20%，Tg 的权重一般大于 20%，P40H 的权重一般大于 40%。

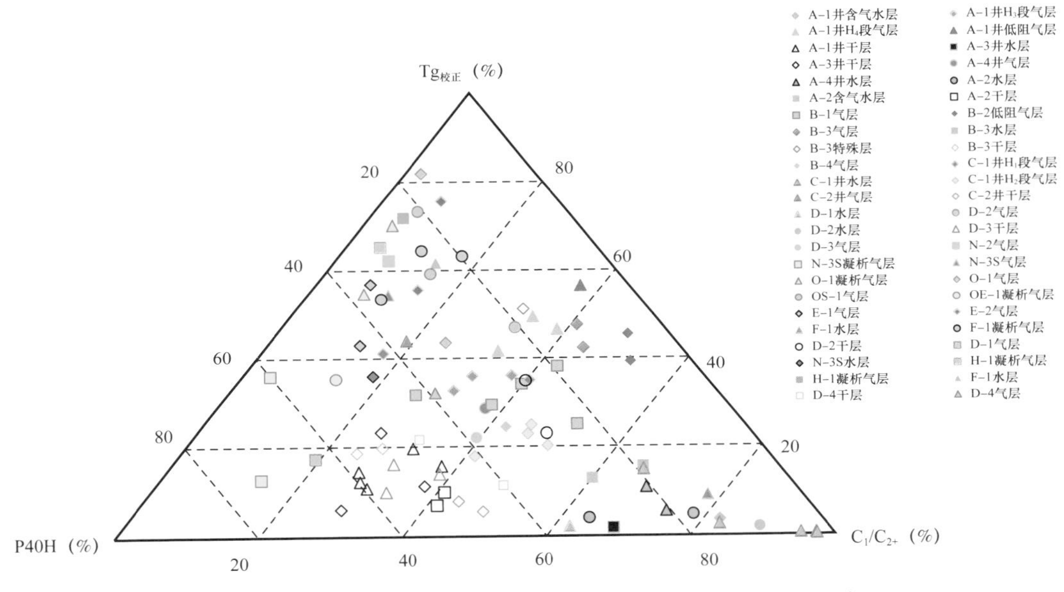

图 2–19　随钻测—录井联合流体识别技术的权重三角基础图版

相较于气测组分解释法及异常倍率解释法，测—录井联合流体识别技术的权重三角图版具有更精细的解释结果，可以识别出气层、凝析气层、致密层、水层、气水层等主要解释层，同时还能识别出低阻气层等复杂层，在实际使用过程中，应作为核心识别技术。

5. 目标区解释模块

新区域的解释工作主要包括：数据整理、解释层的选择、解释层特征值的选取、参数处理、数据投点与解释。其具体操作过程和上述数据处理过程相同，所不同的是解释数据不作为基础数据库的数据，只有当解释层经过测试校准后，才能作为数据库中的基础数据。

一般在实际解释工作中，主要解释气层、凝析气层、致密层、气水层等，低阻气层等复杂层的解释可以作为参考，仍需其他解释方法或解释参数综合识别，方可给出可信结论。

三、随钻测—录井联合识别技术使用条件

与气测校正、气测异常倍率法、气测组分法解释的使用条件类似，要求地质条件、钻井条件、钻井液类型、流体性质主要类型等要与基础图版中的数据基本一致，气测数据、随钻测井参数、钻井参数要真实可靠，数据连续。该识别方法的数据库来源于东海盆地西湖凹陷，目前适用区域也是西湖凹陷周边区域，其他地区需要经过数据校准方可使用。

第六节　随钻测—录井一体化快速识别技术流程

气测录井解释主要有气测录井环境校正技术、气测异常倍率法流体识别技术、气测组分法流体识别技术、轻烃和地球化学识别方法、随钻测—录井联合流体识别技术，五项技术有其使用的优先级及顺序。首先进行气测录井环境校正，随后使用气测异常倍率法、气测组分法识别，并可同时进行测—录井联合流体识别，轻烃和地球化学识别方法视情况使用。使用气测录井解释技术之前，仍需使用曲线形态判别其含油气性及选取重要解释层。

一、气测曲线形态判别

气测曲线形态除受钻井环境、储层物性、厚度等因素影响外，主要因储层流体性质的不同产生明显的差异，根据其形态初步判断其含油气性质。研究区主要有以下几种曲线形态。

（1）饱满型：Tg 曲线顶底饱满均匀，油气显示好。指示油层、凝析气层或气层。

（2）箱型：Tg 曲线具有箱状特征，反映相应储层物性稳定，含油气性较好。通常指示油层、凝析气层或气层。

（3）指型：Tg 曲线形态呈跳跃性起伏，似手指，反映其间薄夹层发育。通常指示气层或含气水层。

（4）尖峰型：常表现为单一尖峰。通常指示差气层、干层、单根气等，多无产能。

（5）倒三角型：Tg 曲线上部陡下部缓，呈倒三角形。通常指示含气水层或含水气层。

表 2–3 气测曲线的肉眼识别方法，可以根据气测曲线的基本形态预先判断其含油气特征，避免之后的解释失误。同时，表 2–3 还列出了不同解释层的特征值选取标准，一般情况下，半幅点内的平均值均能较好地代表含油气好坏，但尖峰型曲线受围岩影响较大，仍取最大值。

表 2-3　气测曲线形态识别方法

Tg 曲线类型	Tg 曲线形态	快速解释流体性质	读值方法
饱满型		气层、凝析气层	取半幅点之间的平均值
箱型		气层、凝析气层	取曲线稳定的平均值
指型		气层、凝析气层	取半幅点之间的平均值
尖峰型		差气层、单根气	取最大值
倒三角型		含水气层、差气层	取半幅点之间的平均值

此外，本书使用的方法均是一个数据代表一个解释层，故而解释层的选择需要谨慎，解释层选取原则和数据库建立过程中的基准层选取原则一致，主要为层厚大于 5m，气测显示没有较大波动，电阻率比较稳定，钻时不出现较大波动，没有明显隔层夹层。经过该方法选取的解释层，一个数据就能准确地代表一个层的性质，便于解释。

二、测—录井一体化解释流程

一体化解释主要包含 5 项技术：环境校正技术、气测异常倍率技术、气测组分识别技术、轻烃和地球化学识别技术、随钻测—录井联合识别技术。

图 2-20 为测—录井一体化快速识别流程，主要分 8 个步骤：气测录井数据检查、钻井环境校正、解释层选取、各层特征值计算、异常倍率法解释、气测组分法解释、测—录井联合识别、结果输出。

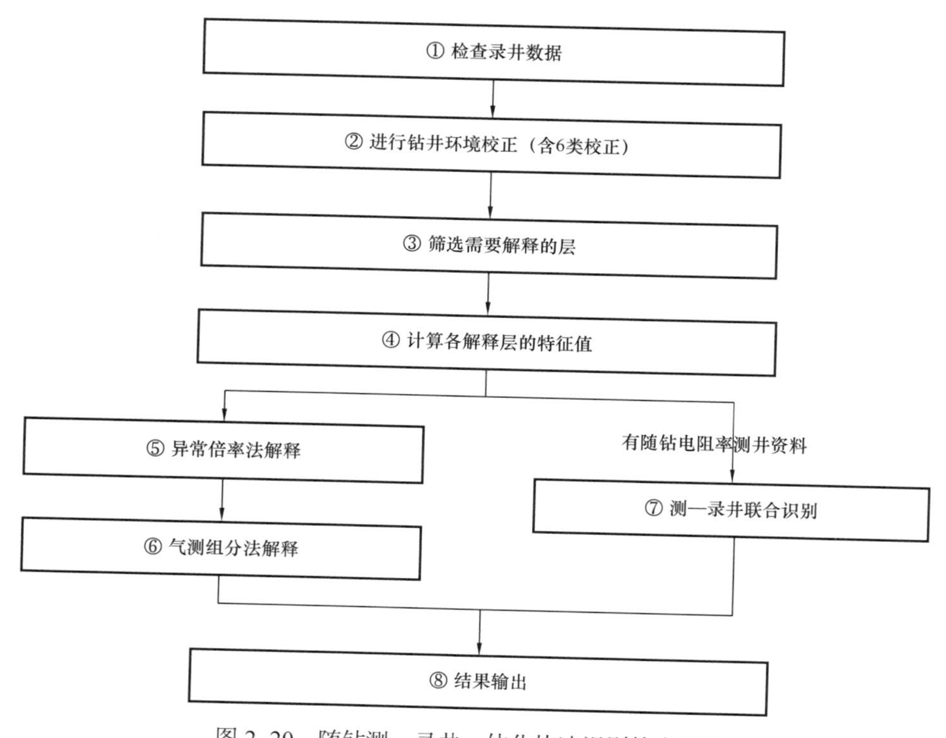

图 2-20　随钻测—录井一体化快速识别技术流程

1. 气测录井数据检查

主要检查气测录井数据的完整性，如总烃检测值（Tg）、甲烷（C_1）、乙烷（C_2）、丙烷（C_3）、正丁烷（nC_4）、异丁烷（iC_4）、正戊烷（nC_5）、异戊烷（iC_5）；钻井参数，包括钻时（Rop）、排量（Flow）、井径（D）；随钻测井参数，包括自然伽马（GR）、电阻率（P40H、A40H）等，必要时还需检测钻井过程是否经历台风导致的停钻、钻井事故等。检查完成以后，将数据检查的结果填表记录。

2. 钻井环境校正

钻井环境校正主要包括钻时（Rop）、排量（Flow）、井径（D）、取心（Core）、基值处理、渗滤气校正，其中渗滤气校正对于一般钻井条件不需要进行，基值处理对于较低基值的井，可以不考虑。

3. 解释层筛选

一般情况下，解释层的选择条件与图版数据库中的层选择条件一致，基本要求是：层厚度大于 5m，气测显示没有较大波动，电阻率比较稳定，钻时不出现较大波动，没有明显隔层夹层。该项工作一般由解释人员进行人工选择，按实际情况，一般一口井选择

5～10层为宜。

4. 各层特征值计算

本书使用梯度化油气显示特征方法，能有效地判断出气测显示好坏。当气测曲线为箱型时，取曲线稳定的平均值；当气测曲线为饱满型、指型、倒三角型时，取气测曲线半幅点之间的平均值；当气测显示为单峰型时，取气测曲线最大值。该方法不仅能凸显烃层与非烃层之间的差异，而且能更好地表现出烃层显示级别之间的差异。

5. 异常倍率法解释

异常倍率解释技术主要依靠气测显示强度及基值大小进行解释。该方法主要解释含烃层、致密层、气水层、水层，单独使用效果一般，需要与气测组分识别技术一起使用，解释效果较好。

6. 气测组分法解释

气测组分解释技术主要配合气测异常倍率解释技术使用，其主要解释凝析气层、湿气层、干气层。该技术与异常倍率解释技术一起，可以完成解释任务，进行多种流体性质的解释。

7. 随钻测—录井联合识别

随钻测—录井联合识别技术可以解释油层、凝析气层、湿气层、干气层、水层、气水层、低阻气层。该方法为测—录井联合识别的关键技术，能利用测井、录井数据进行综合解释，解释效果很好。

8. 结果输出

对不同解释技术的解释结果进行分析，给出测—录井一体化解释的最终结论，同时和肉眼判断的流体性质进行对照，给出最合理的解释。

解释流程中并未包含轻烃和地球化学识别，主要由于大部分井的资料不包含轻烃及地球化学数据，当解释井有该类数据，即可进行轻烃及地球化学解释。

第三章
低渗透储层含气量录井快速定量评价技术

低渗透及致密储层作为当今世界油气勘探的重要领域，从勘探发现至今一直受到世界各大油公司和专家学者的广泛重视。致密砂岩储层具有低孔低渗、强非均质性、束缚水饱和度高、电阻率低和气水关系复杂等特点，使得其含气性评价面临诸多难题，气测录井作为现场第一手资料，利用其在录井快速识别阶段进行快速准确的含气性评价尤为重要。

气测录井是从安置在振动筛前的脱气器获得从井底返回的钻井液所携带的气体，对其进行组分和含量的检测及编录，从而判断流体性质。以往气测录井受技术发展水平的限制，主要是以定性的方式进行资料解释，缺乏定量—半定量手段，其应用范围和价值受到局限，探索较精确的气测录井计算地层含气量的方法势在必行。李学国等（2002）提出通过地层和油气显示的关系进行地层含气量的计算方法，其中地层含气量的计算方法分两步进行，首先计算地面的含气量，然后再计算地层的含气量。乔玉珍等（2011）结合各种地质因素推导出低孔低渗及低压气藏的地层含气量计算公式，提出了利用总烃值进行井间对比的新思路。前人的方法具有一定的借鉴意义，但仍存在不足，主要体现在钻井液含气量与录井检测值的关系多以理论模型为基础，并无可靠的实验数据支撑。本书以钻井液脱气实验及气相色谱分析为基础，建立较为可靠的钻井液含气量与气测总烃检测值的关系，从而进行地层含气量的计算，其可靠性得到明显提高。

第一节　钻井液脱气实验

本书使用自行设计的钢质密封罐进行钻井液样品取样，该密封罐主要由罐体、顶盖、导流阀、防撞罩四部分组成（图 3-1）。取钻井液样品时，钻井液装至罐体的 3/4～4/5 处，而后将顶盖拧紧，关闭导流阀，并盖上防撞罩，即可进行运输。运输至实验室后，罐体顶部空间是空气和钻井液挥发烃的混合气，打开导流阀将混合气导出至样品管中，用 5% 的 NaOH 溶液洗气，而后进行气相色谱分析。导出罐顶气的钻井液样品进行真空加热全脱气实验，将脱出的气体用 NaOH 溶液洗气，同样进行气相色谱分析。

一、样品选取

钻井液脱气实验的样品来自东海盆地西湖凹陷，使用密封罐进行取样。每个样品有罐顶气和全脱气，实验记录项目主要有日期、井号、深度、时间、罐顶气量、钻井液进量、脱气量、洗气前气量、洗气后气量、解析罐未充满钻井液的高度、实验温度、实验人等信息。

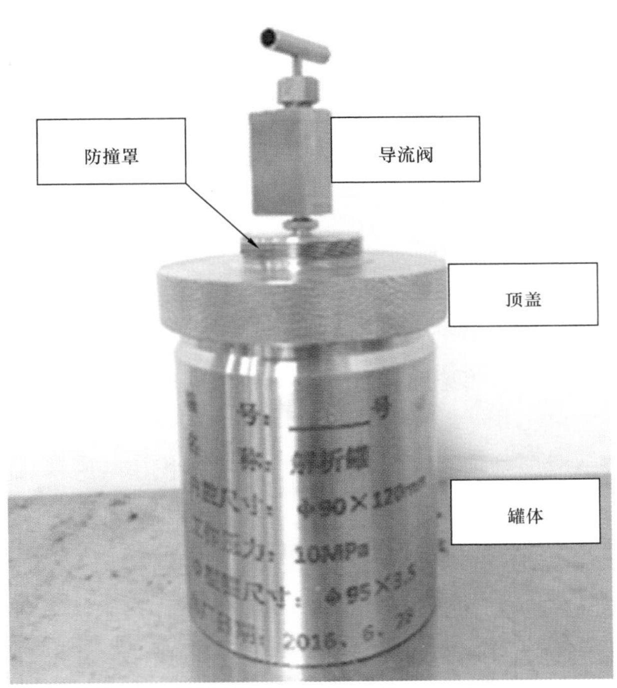

图 3-1　钻井液取样所用的解析罐

二、罐顶气收集

罐顶气为密封罐顶部的气体，实际为烃与空气的混合气体，为了减少实验误差，需要将罐顶气导出，并用 NaOH 溶液洗气，消除罐顶气中 CO_2 的影响，而后进行气相色谱分析检测含烃量。

罐顶气的收集步骤如下。

（1）配置实验装置：配制 10L 饱和食盐水，将解析罐与倒置在饱和食盐水中的集气管用细管线连接（此时解析罐的阀门是闭合的）。

（2）收集罐顶气：打开解析罐的阀门，利用排水法收集罐顶气，当罐顶气较多时，临时关闭导流阀，并用注射器将集气管中的气体抽出，做标记，直至罐顶气导出完毕，记录罐顶气的总量。

（3）计算解析罐中顶部空间大小：用直尺测量解析罐的内直径和罐内钻井液的高度，进而计算钻井液的体积、顶部空间体积，并记录备用。

三、罐顶气洗气

根据前期脱气实验中的经验，钻井液脱出气体中 CO_2 含量极高，色谱分析时 CO_2 的色谱柱会将丙烷（C_3）的出峰位置遮挡住，从而导致无法获得烷烃数据，所以在色谱分析之前要进行 CO_2 的洗气操作，CO_2 的洗气操作步骤如下：

（1）连接抽滤瓶与大烧杯，配制浓度为 5% 的 NaOH 溶液，分别装满抽滤瓶和大烧杯。

（2）关闭胶皮管上面的阀门夹，从靠近抽滤瓶下部细颈处用针头缓缓注入需要洗 CO_2 的气体，使 CO_2 可以与 NaOH 进行充分的反应。

（3）从抽滤瓶上方的试管刻度上读取洗气后的剩余气体量并记录。

（4）从抽滤瓶上方的针头处抽出所有洗气后的气体，注意在抽气的过程中要打开阀门夹。

（5）将洗气后的气体注入色谱仪做色谱分析。

由于洗气装置的管线体积（约为 0.5mL）影响，需要对洗气后的气体量进行校正，校正完的洗气后气体量由所记录的洗气后气体量与管线体积相减所得。

四、钻井液真空加热全脱气实验

钻井液脱气实验采用的是 XG–VMSJ 真空定量全脱气装置，该装置的技术优点有：脱气罐内部加热，钻井液受热均匀，有利于脱气；脱气罐内部强力机械搅拌，搅拌均匀，脱气效率高；采用透明的有机玻璃脱气罐，既便于观察脱气过程，又保障了安全；进浆和气路的控制阀无易磨损的密封件，工作可靠。

钻井液的脱气操作步骤如下：

（1）插好 XG–VMSJ 与真空泵电源，然后依次开启真空泵开关、抽真空开关、脱气开关，将钻井液罐向上托，使其吸在主盘上，将托板放在罐中心，以防脱落。

（2）抽真空至 –0.1MPa（或接近 –0.1 表针不再动时）关闭抽真空开关，真空泵不关，此时打开进水开关并立即关掉，进行预进水（开关的时间间隔约 1s），再打开进浆阀，预进钻井液（10～15mL），要求两管线都充满，无空气后再打开抽真空开关，继续抽真空约 1min，然后依次关闭抽真空开关、脱气开关和真空泵开关。

（3）打开进浆阀，钻井液进到刻度线时关闭进浆阀，打开搅拌开关、脱气开关，脱气持续约 5min，关闭搅拌开关和脱气开关（脱气温度设定在 60℃左右）。

（4）打开进水开关，使脱出的气体聚集到顶部的集气管内，然后记录脱气量，用注射器抽出全脱气，以备进行色谱分析，此时完成了整个脱气过程。

（5）把集气管上螺帽松开，大气压将水压回到盐水瓶，关闭进水开关。

（6）把钻井液瓶换为清水瓶，打开进浆阀，由于钻井液罐仍为负压，让一定量的清水（约 50mL）与空气吸入罐内，冲洗阀体与进浆管，同时罐体也会脱落下来，关闭进浆阀，把托板移开取下钻井液罐进行清洗，若加热管过热，可在钻井液罐内装一定量冷水进行冷却。

操作过程需要记录钻井液进液量、脱出气体量、罐体顶部空间大小、集气管体积等数据，以便后期计算。

五、钻井液脱出气体洗气

脱出气体仍需要进行脱 CO_2 的洗气过程，其洗气步骤与罐顶气洗气步骤相同。

六、气相色谱分析

气相色谱分析使用 Agilent 公司的气相色谱仪器，该仪器具有分离效能高、灵敏度高、用样量少、适用范围广、定量准确等特点，测量的原始谱图如图 3–2 所示。

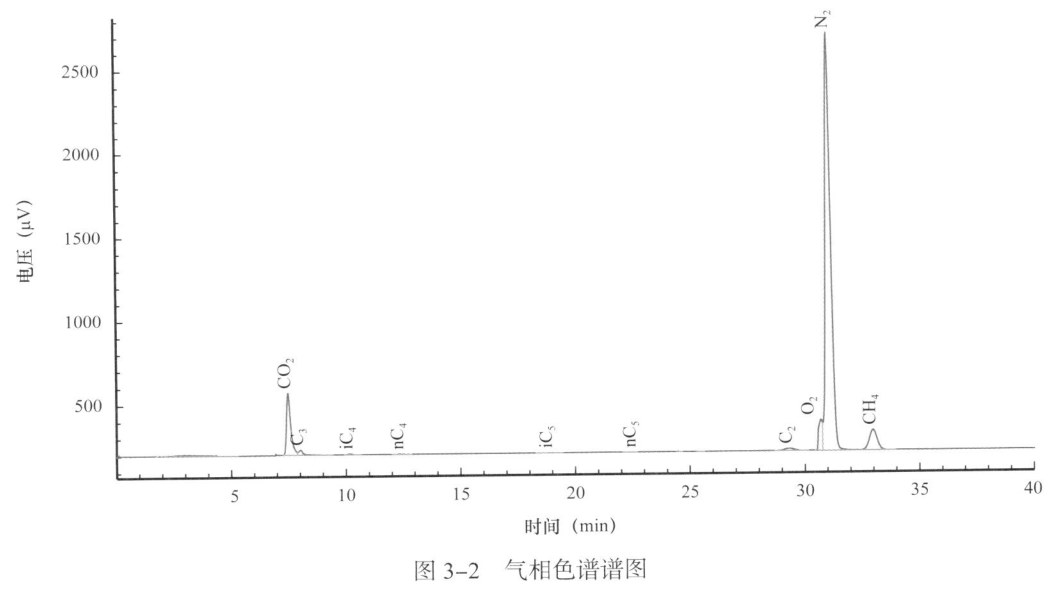

图 3–2　气相色谱谱图

第二节　数据处理与地层含气量估算

数据处理的主要思路是，首先通过实验数据将 1L 钻井液中的含烃量求取出来；而后进行钻井液含气量与气测检测值的拟合；最后进行地层含气量的估算。

一、钻井液含气量的实验获取方法

将所记录的原始数据与色谱分析的谱图进行积分，求得基础数据，并经过下列步骤依次进行计算。

（1）将洗气后的罐顶气和全脱气样品所得的谱图进行积分，分别获得 C_1、C_2、C_3、iC_4、nC_4、iC_5、nC_5、O_2、N_2 的烃组分积分面积。

（2）由于部分假峰的存在会造成气体比例不准确，假设气体主要成分（C_1、C_2、C_3、iC_4、nC_4、iC_5、nC_5、O_2、N_2）的总和峰面积为 100%，对各组分进行含量百分比校正，校正后的数据分别为 $C_{1\,校正}$、$C_{2\,校正}$、$C_{3\,校正}$、$iC_{4\,校正}$、$nC_{4\,校正}$、$iC_{5\,校正}$和 $nC_{5\,校正}$。

$$C_{i\,校正}=C_i/\sum(C_i、O_2、N_2) \tag{3-1}$$

式中，$C_{i\,校正}$为烃组分的校正数据，%；C_i 为烃组分的色谱峰面积；$\sum(C_i、O_2、N_2)$ 为所有烃类谱峰的总和峰面积。

（3）计算 1L 钻井液的罐顶气体积和 1L 钻井液全脱气体积。

$$g_q=(\pi lr^2+g_d)/\pi(L-1)r^2\times 1000 \tag{3-2}$$

式中，g_q 为 1L 钻井液的罐顶气含量，mL/L；l 为钻井液面距密封罐顶面的距离，cm；L 为密封罐内部总高度，cm，本实验为 12cm；r 为密封罐内半径，cm，本实验为 4.5cm；g_d 为记录的导出罐顶气体积，mL。

$$t_q=[t_d+(a-m_d)/b\cdot t_d]/m_d\times 1000 \tag{3-3}$$

式中，t_q 为 1L 钻井液的全脱气含量，mL/L；t_d 为全脱仪集气管记录的脱出气体量，ml；a 为脱气罐体积，mL，本实验为 460mL；b 为集气管体积，mL，本实验为 80mL；m_d 为记录的钻井液进样量，mL。

（4）计算洗气后的罐顶气体积及全脱气体积。

$$\begin{aligned} g_{qc}&=g_q\cdot(g_{q\,洗气后}-c)/g_{q\,洗气前} \\ t_{qc}&=t_q\cdot(t_{q\,洗气后}-c)/t_{q\,洗气前} \end{aligned} \tag{3-4}$$

式中，g_{qc} 为 1L 钻井液洗气后的罐顶气总量，mL/L；g_q 为公式（3–2）计算的结果，mL/L；$g_{q\,洗气前}$为经过洗气的进气量，mL；$g_{q\,洗气后}$为洗气后的剩余体积，mL；t_{qc} 为 1L 钻井液洗气后的全脱气总量，mL/L；t_q 为公式（3–3）计算的结果，mL/L；$t_{q\,洗气前}$为经过洗气的进气量，mL；$t_{q\,洗气后}$为洗气后的剩余体积，mL；c 为洗气装置的管线体积，mL，本次实验的管线体积为 0.5mL。

（5）将1L钻井液洗气后的罐顶气体积和1L钻井液洗气后的全脱气体积分别与对应深度样品点的$C_{1校正}$、$C_{2校正}$、$C_{3校正}$、$iC_{4校正}$、$nC_{4校正}$、$iC_{5校正}$和$nC_{5校正}$数据相乘，获得每罐样品罐顶气和全脱气的各烃组分含量。将罐顶气和全脱气的各烃组分含量数据分别加和，获得每个深度样品的总烃量即钻井液的含气量。

$$G_c=\sum\left(g_{qc}\cdot C_{id校正}+t_{qc}\cdot C_{id校正}\right)/100 \tag{3-5}$$

式中，G_c为1L钻井液的含烃量，mL/L；g_{qc}、t_{qc}分别为洗气后罐顶气总量和全脱气总量，mL/L；$C_{id校正}$为对应样品的色谱组分百分比，%。

本书的数据处理过程主要包括钻井液含气量处理及地层含气量处理，主要处理思路见图3-3。

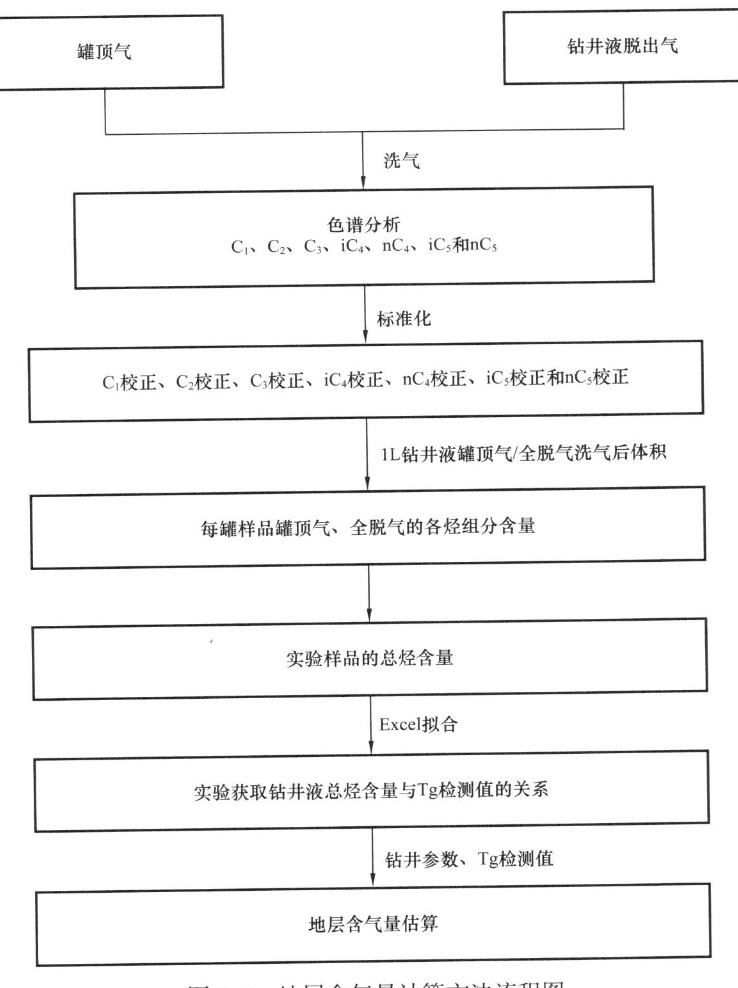

图3-3 地层含气量计算方法流程图

表 3–1 为选取的一口井的实验数据，有效数据为 12 组，其余 3 组罐顶气逸散，数据无效。可以看出，钻井液含气量一般为 2～40mL/L，主要区间为 5～30mL/L。

表 3–1　KS–1 井钻井液含气量实验结果

深度（m）	Tg（%）	C_3（mL/L）	iC_4（mL/L）	nC_4（mL/L）	iC_5（mL/L）	nC_5（mL/L）	C_2（mL/L）	C_1（mL/L）	含气量（mL/L）
3404	5.34	0.91	0.40	0.23	0.11	0.04	1.31	10.58	13.58
3406	1.84	0.71	0.28	0.17	0.07	0.04	0.99	6.26	8.52
3576	6.37	0.40	0.18	0.12	0.05	0.02	0.41	2.03	3.20
3605	5.51	0.14	0.94	0.56	0.41	0.22	0.14	0.38	2.78
3709	3.71	1.28	0.54	0.34	0.18	0.11	1.67	15.91	20.04
3721	3.12	1.72	1.00	0.57	0.36	0.16	1.78	14.44	20.02
3723	2.39	1.05	0.59	0.35	0.21	0.10	1.05	9.18	12.52
3726	3.19	0.86	0.33	0.31	0.13	0.12	1.46	6.90	10.11
3365	9.85	5.76	1.50	1.06	0.47	0.26	5.06	23.63	37.73
3404	3.22	3.99	2.46	1.53	0.60	0.29	2.30	4.76	15.92
3511	4.79	1.09	0.37	0.25	0.09	0.04	1.89	15.45	19.18
3738	5.90	2.73	1.27	0.88	0.38	0.19	1.90	5.75	13.09

二、钻井液含气量与气测检测值的拟合

根据现场录井检测仪器参数，可以建立总烃（Tg）检测值估算钻井液含气量的公式。研究区现场录井使用的是法国 Geoservices 公司的 Reserval 录井仪器，钻井液流入脱气室的流速恒定为 1500mL/min，从脱气室顶部泵抽脱出气体的流速恒定为 500mL/min。再根据录井解释行业标准（SY/T 5969—1994），得到钻井液含气量公式：

$$G_c=10\times 500/1500\times \mathrm{Tg}=3.3\times \mathrm{Tg} \tag{3-6}$$

根据预测模型估算的钻井液含气量与实验获得的含气量进行对比，由图 3–4 验证可知，根据录井仪器参数推导的钻井液含气量计算公式比较可信，可以由公式（3–6）直接

进行钻井液含气量预测。但需要指出的是，该方法适用于水基钻井液，油基钻井液的规律尚不清楚。

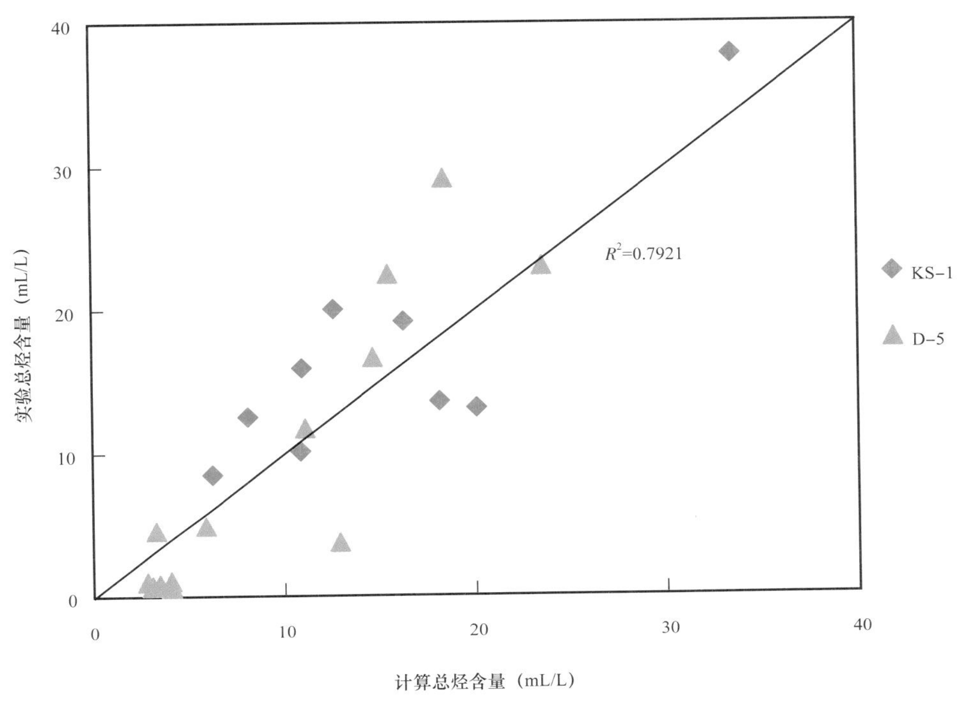

图 3-4　钻井液含气量与总烃检测值对角线图

三、地层含气量的计算方法

考虑气测基值、钻时、排量、井径、取心、体积系数的影响，本书的地层含气量估算公式如下：

$$Q_g=\frac{4\cdot \mathrm{Flow}\cdot \mathrm{Rop}\cdot \mathrm{Core_c}\cdot G_c}{\pi\cdot D^2}\cdot B_g \tag{3-7}$$

式中，Q_g 为地层含气量，m^3/m^3；Flow 为钻井液排量，L/min；Rop 为钻时，min/m；G_c 为钻井液含气量，mL/L，由公式（3-6）计算；D 为井径，mm；$\mathrm{Core_c}$ 为取心校正系数，取心段数值取 1.28，非取心段数值取 1；B_g 为体积系数，为实验条件与标准条件下的体积换算系数，无量纲。

图 3-5 为一口井的地层含气量计算结果，最右侧的道为计算地层含气量与实际地层含气量的对比。实际地层含气量为全脱气实验获得的钻井液含气量所计算的地层含气量，可以看出，计算地层含气量比较符合实际情况。

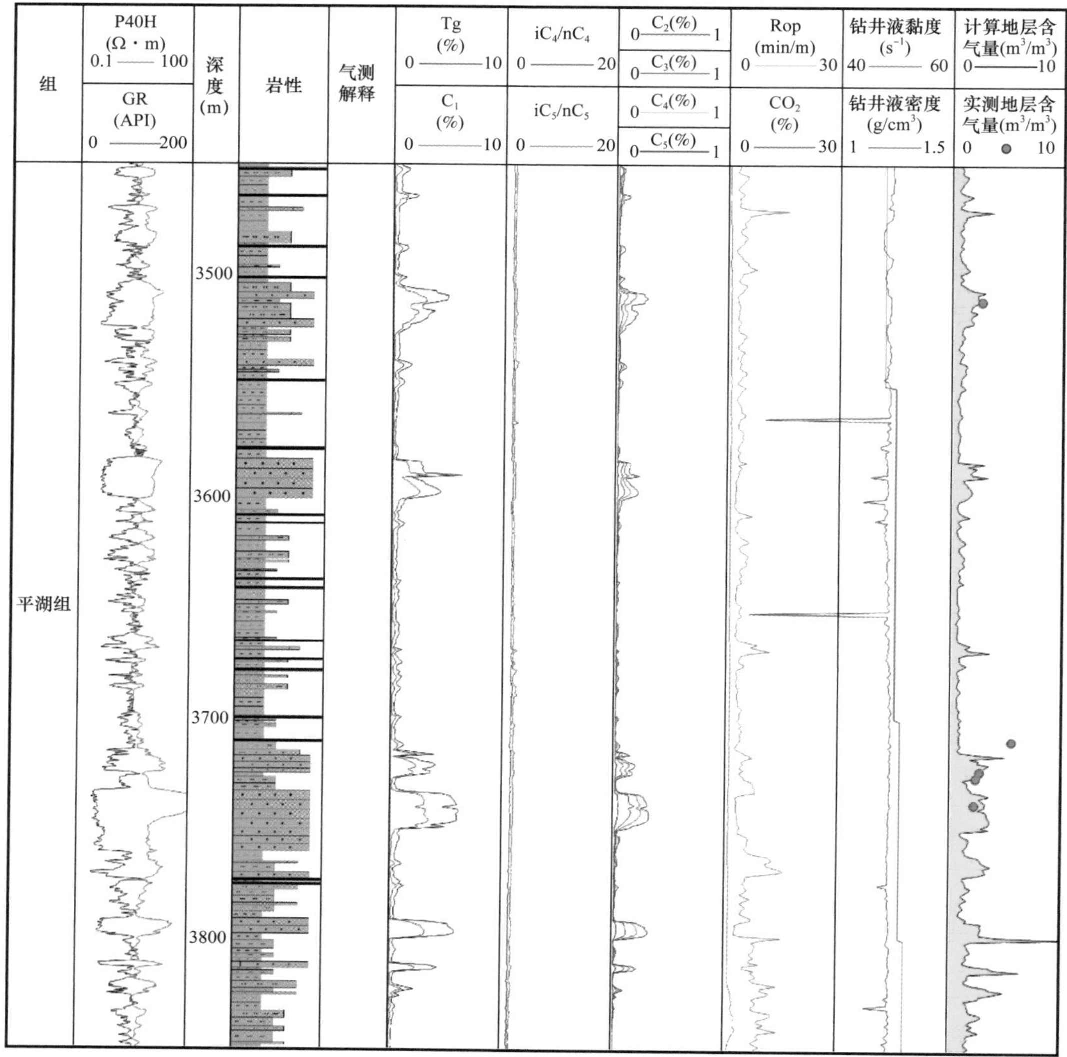

图 3-5 KS-1 井地层含气量计算结果图

第三节 基于气测录井的产量半定量计算

根据前文得到的地层含气量计算公式，计算多口井的地层含气量值，结果显示，研究区主要目的层的地层含气量为 1～20m³/m³。将测试结论分为高产气层 / 凝析气层（日产气＞5×10^4m³）、中产气层（日产气 1×10^4～5×10^4m³）、低产气层（日产气＜1×10^4m³）、致密层（MDT 干点或日产气＜0.1×10^4m³）。对于测试层段，将其测试结论按类型进行地层含气量分析，认为高产气层 / 凝析气层的地层含气量一般大于 4.5m³/m³（图 3-6）。

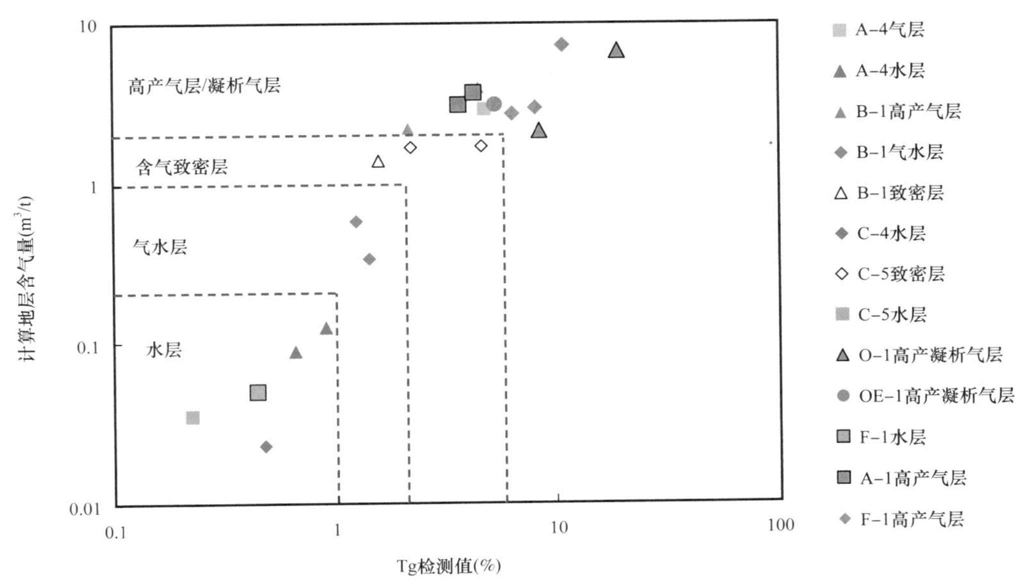

图 3-6　西湖凹陷地层含气量计算数据与测试结果关系图

一般情况下，高产气层 / 高产凝析气层的地层含气量大于 $4.5m^3/m^3$，致密气层的地层含气量为 $2\sim4.5m^3/m^3$，气水层的地层含气量为 $0.4\sim2m^3/m^3$，水层的地层含气量小于 $0.4m^3/m^3$，从统计结果来看，该规律在整个研究区均适用。

将测试结果的产气量（包含轻质油及天然气）转化为比采气指数 K，K 的计算公式如下：

$$K=Q/(\Delta p \cdot h) \tag{3-8}$$

式中，$\Delta p=p_{地层}-p_{井筒}$，MPa；h 为测试层厚度，m；Q 为测试层产气量，$10^4m^3/d$。计算产气量时，首先对研究区重点层位的测试数据进行油嘴校正，一般认为相同条件下，油嘴与产气量呈正比，本书以线性校正的方法将产气量校正为 11.11mm 油嘴对应的产气量。选取重点测试层的数据，一共有 9 层，见表 3-2。

研究区主要测试层的产气量为 $10\times10^4\sim50\times10^4m^3/d$，根据测试工程参数，其比采气指数为 $200\sim4000m^3/(MPa\cdot d\cdot m)$，计算的地层含气量一般为 $5\sim20m^3/m^3$，将数据点作图，可以看出，测试层比采气指数与计算地层含气量呈线性关系（图 3-7）。

由图 3-7 拟合比采气指数与地层含气量的统计关系：

$$K=268.25\times Q_g-1196.7 \tag{3-9}$$

式中，K 为比采气指数，$m^3/(MPa\cdot d\cdot m)$；Q_g 为地层含气量，由公式（3-7）计算获取，m^3/m^3。

表 3-2 西湖凹陷重点井主要测试层的比采气指数与计算地层含气量数据

井号	顶深（m）	底深（m）	二次解释	产气量（$10^4m^3/d$）	测试比采气指数［m^3/（MPa·d·m）］	Tg 检测值（%）	地层含气量（m^3/m^3）
A-1	3425	3540	高产气层	12	111.54	3.63	5.32
A-1	3806	3927	高产气层	58	928.67	4.25	7.37
B-1	3739	3803	高产气层	54	6917.76	2.15	5.55
B-1	3681	3737	高产气层	39	742.18	4.43	9.97
O-1	3350	3366	高产凝析气层	26	1777.05	8.40	5.34
OS-1	3415	3435	高产凝析气层	26.5	871.10	5.26	7.82
E-1	4150	4168	高产气层	19	245.64	5.22	6.85
F-1	4116	4141	高产凝析气层	26	1809.59	8.00	7.47
F-1	4184	4202	高产凝析气层	48.5	3816.23	10.66	18.21

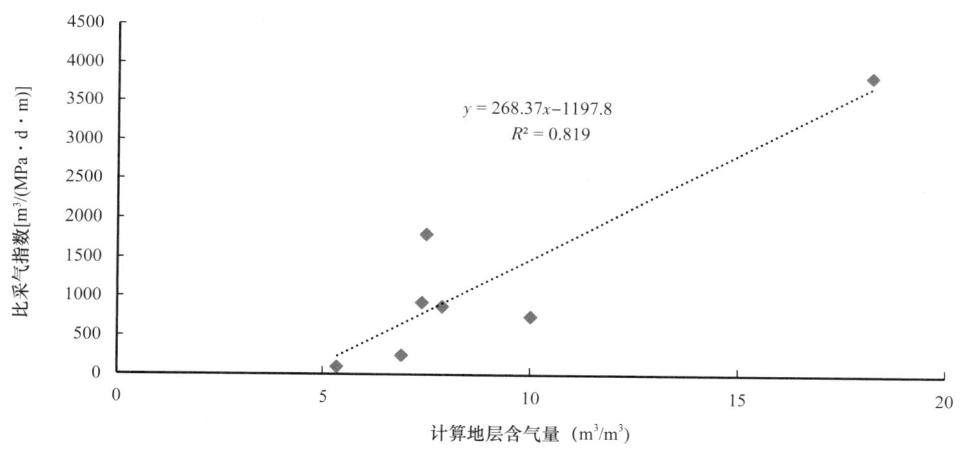

图 3-7 西湖凹陷比采气指数与计算地层含气量关系图

对 J-1 井的计算比采气指数与实际比采气指数进行对比（表 3-3）。对 J-1 井进行两个层段的地层测试，其中，上部测试层 3223.4～3242m，厚度为 18.6m，测试比采气指数为 2850m^3/（MPa·d·m），计算比采气指数为 3565m^3/（MPa·d·m），计算值略高。下部测试层 3310～3317.3m，厚度为 7.3m，测试比采气指数为 1850m^3/（MPa·d·m），计算比采气指数为 1620m^3/（MPa·d·m），计算与实际基本吻合。

表 3-3　J-1 井两个测试层段的实际与计算比采气指数对比

井号	顶深（m）	底深（m）	厚度（m）	二次解释	产气量（$10^4m^3/d$）	测试比采气指数［m^3/（MPa·d·m）］	地层含气量（m^3/m^3）	计算比采气指数［m^3/（MPa·d·m）］
J-1	3223.4	3242	18.6	高产凝析气层	80.5	2850	17.75	3565
J-1	3310	3317.3	7.3	高产凝析气层	17.5	1850	10.5	1620

综合来看，经过钻井液脱气实验校准后的计算公式计算的地层含气量精度较高，产能预测也有一定的可信度，可以考虑更大范围推广。

第四章
基于储层特征的油气识别评价技术

气测录井解释受制于资料限制，很难考虑储层特征，当需要进行更准确的储层流体性质识别时，需要进行优势储层的样品筛选，同时储层的电性特征、孔隙结构特征均是油气层识别的重要内容。

本章主要从两个方面阐述基于储层特征的油气识别技术。第一方面，使用砂岩储层的颗粒定量荧光技术进行油气层的识别，分析储层的含油气性及曾经是否存在过油气聚集；第二方面则是通过孔隙结构表征、孔隙结构类型划分、不同孔隙结构的储层岩电特征进行储层流体性质的定量评价。基于储层特征的流体性质识别主要关注流体性质的定量评价及油气聚集历史的分析。

第一节　颗粒定量荧光实验技术分析油气层性质

储层流体中的不饱和烃（例如芳香烃和一些极性化合物）具有在紫外光照射激发下发射荧光的特性。同时，荧光的颜色、强度以及光谱可以有效地反映出流体的物理性质、化学组成以及储层中烃类的含量。如单环芳香烃（苯）发射谱峰的波长为 287nm；二环芳香烃的谱峰波长为一个范围（320～325nm）；而三环、四环芳香烃有双峰特征；极性化合物发射谱峰的波长为 370nm 等。颗粒定量荧光技术正是利用荧光光谱的这些特征来检测各种不同形式的烃类，该技术包括储层颗粒定量荧光（QGF）、萃取液定量荧光（QGF-E）等。前者主要检测储层内部烃类包裹体的含量，在古油层和古油水界面的识别、油气运移通道的追踪以及油气充注史和演化史的重建等方面皆有良好的应用效果；而后者检测的是储层颗粒表面吸附烃的含量，广泛应用于现今油层、残余油层的识别以及现今油水界面的确定。

在油气藏的地质情况（包括储层矿物成分、油气的成分性质、包裹体的发育程度以及油气藏遭受破坏后经历的时间）等诸多因素的影响之下，油水层的 QGF、QGF-E 等实验参数的界限值随着地区的不同而有所差异，即对于不同地区的油层和水层并没有一个比较明确统一的参数标准来进行有效区分。近年来虽然颗粒定量荧光分析技术在识别流体性质方面有了较大的进步，但仍局限在油水层的判别上，而对于以气层为主的储层鲜有研究，所以需要根据主力产层为气层和凝析气层的条件下，针对测—录井解释层与测试结果不吻合的层采集砂岩样品，进行颗粒定量荧光测试，通过系统的分析与对比，重新厘定与研究区地质特征相适应的流体性质识别标准。

一、颗粒定量荧光实验参数

1. QGF 光谱

QGF 光谱代表储层颗粒内部烃类包裹体的荧光特征，其特征可用以下几个参数来表征（图 4–1）。

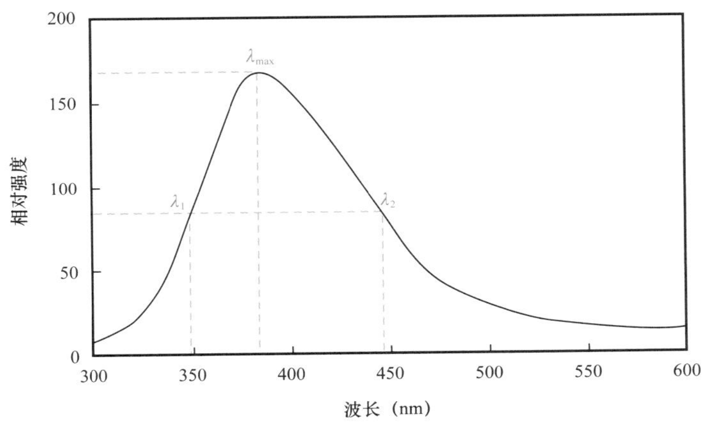

图 4–1　QGF、QGF–E 光谱及参数

QGF Intensity：颗粒荧光强度，375～475nm 荧光强度的平均值。

QGF Index：颗粒荧光指数，375～475nm 荧光强度的平均值与 300nm 附近荧光强度的比值。

QGF Ratio：颗粒荧光比值，375～475nm 荧光强度的平均值与 350nm 附近荧光强度的比值。

QGF Max：扫描波长内的最大颗粒荧光强度。

Lam Max：λ_{max}，最大颗粒荧光强度时对应的波长。

Lam1：λ_1，颗粒荧光强度为最大荧光强度一半时所对应的较小波长。

Lam2：λ_2，颗粒荧光强度为最大荧光强度一半时所对应的较大波长。

Delta Lam：$\Delta\lambda$，λ_2 与 λ_1 的差值，即 $\Delta\lambda=\lambda_2-\lambda_1$。

2. QGF–E 光谱

QGF–E 光谱代表通过物理化学作用吸附在矿物颗粒表面吸附烃的荧光特征，QGF–E 光谱特征也可用以下几个参数来表征。

Extract Max：扫描波段内，颗粒萃取液的最大荧光强度。

QGF-E：颗粒萃取液荧光强度，为颗粒萃取液的最大荧光强度与用于萃取的颗粒质量的比值，再乘以系数 1.2。

Lam QGF-E：颗粒萃取液的最大荧光强度对应的波长。

二、颗粒定量荧光实验流程

用于颗粒定量荧光实验的样品要求密集取样的砂岩样品，密集采样一般为 1m 左右采集一个岩屑样品，或者 0.2m 左右采集一个岩心样品。由于颗粒定量荧光实验测量的是包裹体荧光强度及颗粒表面的荧光强度，泥质成分较高会导致萃取物荧光强度增高，同时颗粒内包裹体荧光强度降低，影响实验分析的准确性。本书的实验样品主要选取中央构造带北部花港组的岩心、岩屑样品进行颗粒定量荧光分析。具体实验步骤如下：

（1）碎样。将采集的原始岩心和岩屑样品进行适当的破碎，轻微研磨，过筛，从中筛选出粒径为 30～80 目的样品颗粒 2g 左右，分别放入容量为 50mL 的小烧杯中，按顺序将其逐一编号。

（2）用蒸馏水反复淘洗烧杯中的样品，直至除去颗粒表面的黏土，留下粒度较粗、比较纯净的、呈颗粒状的砂粒，然后再晾干或者放入设置为较低温度（40℃）的烘干箱中烘干。

（3）在已充分干燥的小烧杯中加入 20mL 二氯甲烷，放在超声波清洗器中振荡 10min，再静置 40min 后，倒掉小烧杯中的二氯甲烷溶液，再静置样品，等待样品挥发至干燥状态。由于二氯甲烷属于有机溶剂，可以此来清除岩石表面吸附的烃类。

（4）在已经充分干燥的小烧杯中加入 40mL 浓度为 10% 的双氧水溶液，用超声波清洗器振荡 10min，然后静置 40min，再振荡 10min 后，将烧杯中的双氧水溶液倒掉，用蒸馏水清洗直至将过氧化氢溶解的残渣洗净为止。该步骤的目的是除去颗粒表面的黏土矿物和部分被氧化的胶结物。

（5）蒸馏水清洗完成之后，加入 40mL 浓度为 3.6% 的 HCl 溶液，放置 20min，在放置的过程中，用玻璃棒顺时针方向搅拌，部分烧杯中会出现气泡，搅拌至不再有气泡出现为止。然后倒掉 HCl 溶液，同上述步骤一样用蒸馏水反复清洗样品。该步骤是为了除去颗粒表面的碳酸盐胶结物。

（6）将装有样品的小烧杯放入温度小于 40℃的恒温箱中烘干。

（7）向烘干后的样品中分别倒入 20mL 二氯甲烷，用超声波清洗器振荡 10min 后，将二氯甲烷萃取液置入试剂瓶中封闭保存，用于 QGF-E 分析。

（8）将烧杯中的砂粒样品放通风橱中通风晾干，干燥后的纯净的颗粒用电子天平称重，记录数据（精确到 0.001g），最终将该样品用于 QGF 分析。

在样品清洗阶段完成之后，为了确保实验准确高效地进行以及实验参数的有效性，在正式使用 Cary Eclipse 荧光分光光度计测定岩样的荧光强度之前还需要进行样品的测试。首先是实验仪器的参数设置，由于研究区的样品主要为长石石英颗粒，所以选择激发波长分别为 254nm（用于 QGF 分析）、260nm（用于 QGF–E 分析）的长通滤光片，接收波长设置为 300～600nm。

仪器参数设置完成之后，用固体检测附件检测空白样品的 QGF，从而消除仪器固体检测附件对实验结果产生的干扰；利用液体检测附件检测 QGF–E，测试其是否清洗干净，以排除液体检测附件对实验结果产生的影响。与此同时，对二氯甲烷溶液的空白样进行测试，以此判断后续样品实验结果是否合理，作为其对比分析的参照标准。

三、实验数据分析与图版建立

1. 数据处理

颗粒定量荧光数据处理比较简单，一般情况下，主要使用的数据是 QGF Index（颗粒荧光指数）及 QGF–E（颗粒萃取液荧光强度），表 4–1 为其中一口井的数据处理结果。

表 4–1　A–2 井目的层段颗粒定量荧光数据处理结果

深度（m）	QGF Intensity	QGF Ratio	QGF Index	QGF Max	Lam Max（nm）	Lam 2（nm）	Extract Max	QGF–E	Lam QGF–E（nm）
4320.60	17.98	0.55	0.73	60.13	377.07	399.00	7.97	4.34	375.07
4322.80	20.35	0.62	0.82	66.51	378.00	399.00	3.92	2.26	375.07
4322.90	16.58	0.51	0.67	53.58	377.07	399.00	2.30	0.95	375.07
4324.90	19.37	0.59	0.78	61.03	377.07	399.00	5.18	1.87	375.07
4326.60	18.00	0.55	0.73	56.19	377.07	399.00	1.96	1.24	375.07
4326.80	14.88	0.45	0.60	46.78	377.07	399.00	43.26	16.71	375.07
4327.10	16.83	0.51	0.68	50.29	377.07	399.00	5.11	2.27	375.07
4329.60	19.64	0.60	0.79	62.88	377.07	399.00	2.60	1.49	375.07
4330.10	21.08	0.64	0.85	68.85	377.07	399.00	5.83	2.48	375.07
4331.20	23.17	0.71	0.94	73.88	377.07	399.00	2.71	1.47	375.07
4331.70	23.02	0.70	0.93	77.87	378.00	399.00	3.11	1.27	375.07
4332.40	17.81	0.54	0.72	51.02	378.00	399.00	2.38	1.28	375.07
4338.50	15.95	0.49	0.65	50.83	377.07	399.00	4.12	2.10	375.07

2. 气水层解释图版的建立

共完成中央构造带北部、中央构造带南部、西部斜坡带 9 口井 206 块岩心、岩屑颗粒定量荧光分析，其中岩心样品 109 项次，岩屑样品 97 项次。岩心颗粒定量荧光数据主要用于建立解释数据库，用经过测试校准的储层颗粒定量荧光数据建立一个数据库，用该数据库建立气水层的解释图版，该图版能有效地反映研究区的实际情况（图 4–2）。

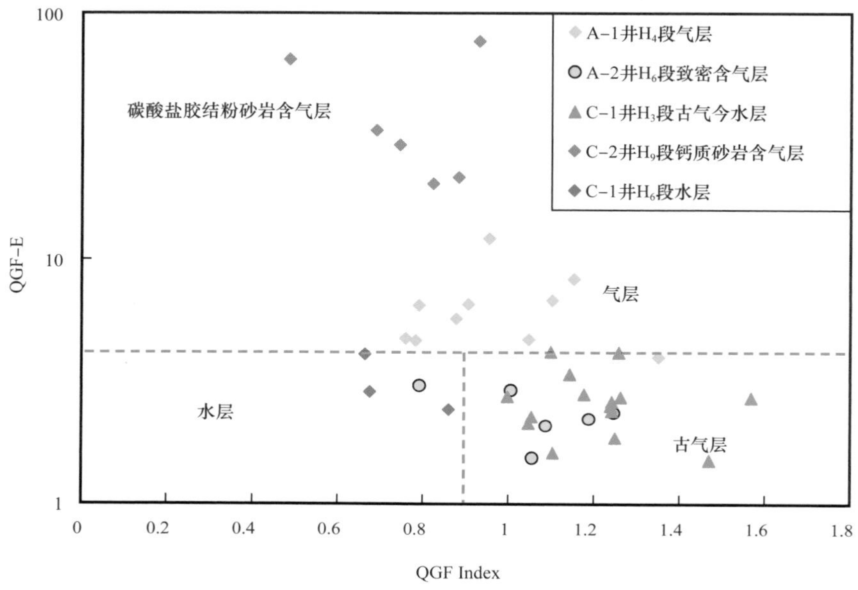

图 4–2　西湖凹陷中央构造带北部花港组气水层颗粒荧光参数交会图版

中央构造带北部岩心样品以细砂岩为主，主要流体性质为气层、水层，其中水层分为水层和古气今水层。部分井段含碳酸盐胶结物较高，导致 QGF–E 偏高，但仍反映储层为气层，故而含胶结物的储层应考虑实际情况进行解释。

中央构造带北部颗粒荧光特征一般为：水层 QGF Index 小于 0.9、QGF–E 小于 4；古气层 QGF Index 大于 0.9、QGF–E 小于 4；气层 QGF Index 大于 0.9、QGF–E 大于 4；碳酸盐胶结物含量高的粉砂岩 QGF Index 小于 0.9、QGF–E 大于 4。根据该图版可以分析水层是否曾经出现油气聚集。

西部斜坡带与黄岩地区有凝析气层和油层，故而识别图版与中央构造带北部不同。西部斜坡带主要流体性质为凝析气层、湿气层、水层，其重质组分含量较高，导致其 QGF–E 很高，一般都大于 20；黄岩地区有一口井的 H9 层，其 QGF–E 含量仍很高，但解释为含气水层，均说明西部斜坡带、中央构造带南部的解释图版与中央构造带北部不同，需重建解释图版（图 4–3）。

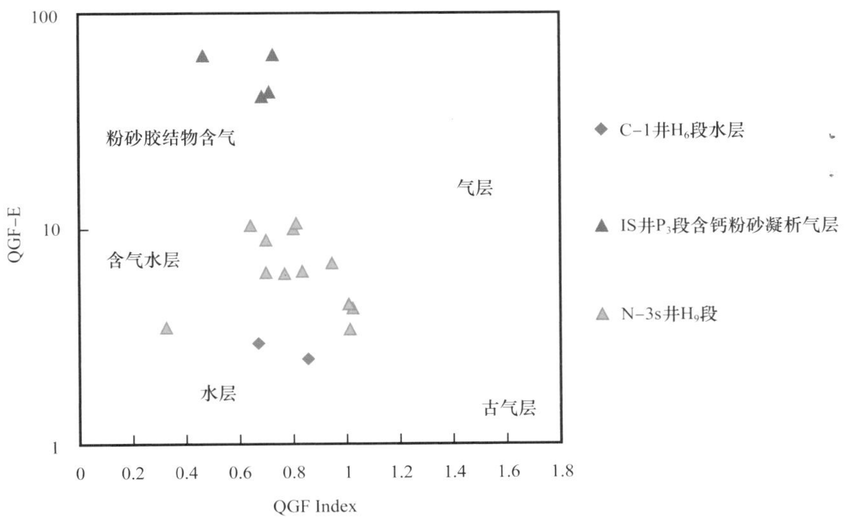

图 4-3　西湖凹陷西部斜坡带及中央构造带南部颗粒荧光参数交会图版

一般可以认为 QGF-E 大于 20 为凝析气层；QGF-E 大于 10 为气层，QGF-E 小于 10 为含气水层；QGF Index 大于 0.9 为古气层；QGF Index 小于 0.9 为水层。该区域岩心样品较少，图版还需进一步完善，实际使用过程中应多考虑各种参数。

四、不同流体性质储层颗粒定量荧光特征

研究区主要流体性质是凝析气层、气层、水层，不同流体性质有不同的颗粒定量荧光（QGF）及萃取物荧光（QGF-E）显示。凝析气层 QGF-E 很高，基本大于 20，QGF Index 一般为 1～2；气层 QGF-E 较高，主要区间为 5～20，QGF Index 一般为 0.8～2；水层 QGF-E 低，一般小于 5，QGF Index 一般为 0.5～1.5。其中水层受聚集历史的影响较大，曾经存在油气聚集的储层，其 QGF Index 一般大于 1，从未出现油气聚集的储层，其 QGF Index 一般小于 1。

1. 水层的颗粒定量荧光特征

QGF-E 光谱曲线的形态平缓，没有明显的荧光峰，QGF-E 一般小于 5，研究区绝大部分水层 QGF-E 均小于 3，说明岩石颗粒表面含烃极少，指示现今为水层特征（图 4-4）。

QGF Index 跨度较大，一般为 0.5～2，主要区间为 0.5～1.5，可以用于分析油气层聚集历史，其中 QGF Index 较小时，反映颗粒内部包裹体较少、包裹体内含烃少，说明储层并未出现油气聚集；当 QGF Index 较大时，反映颗粒内部包裹体较多、包裹体内含烃较多，说明储层曾经出现过油气聚集，但现在不一定为气层。

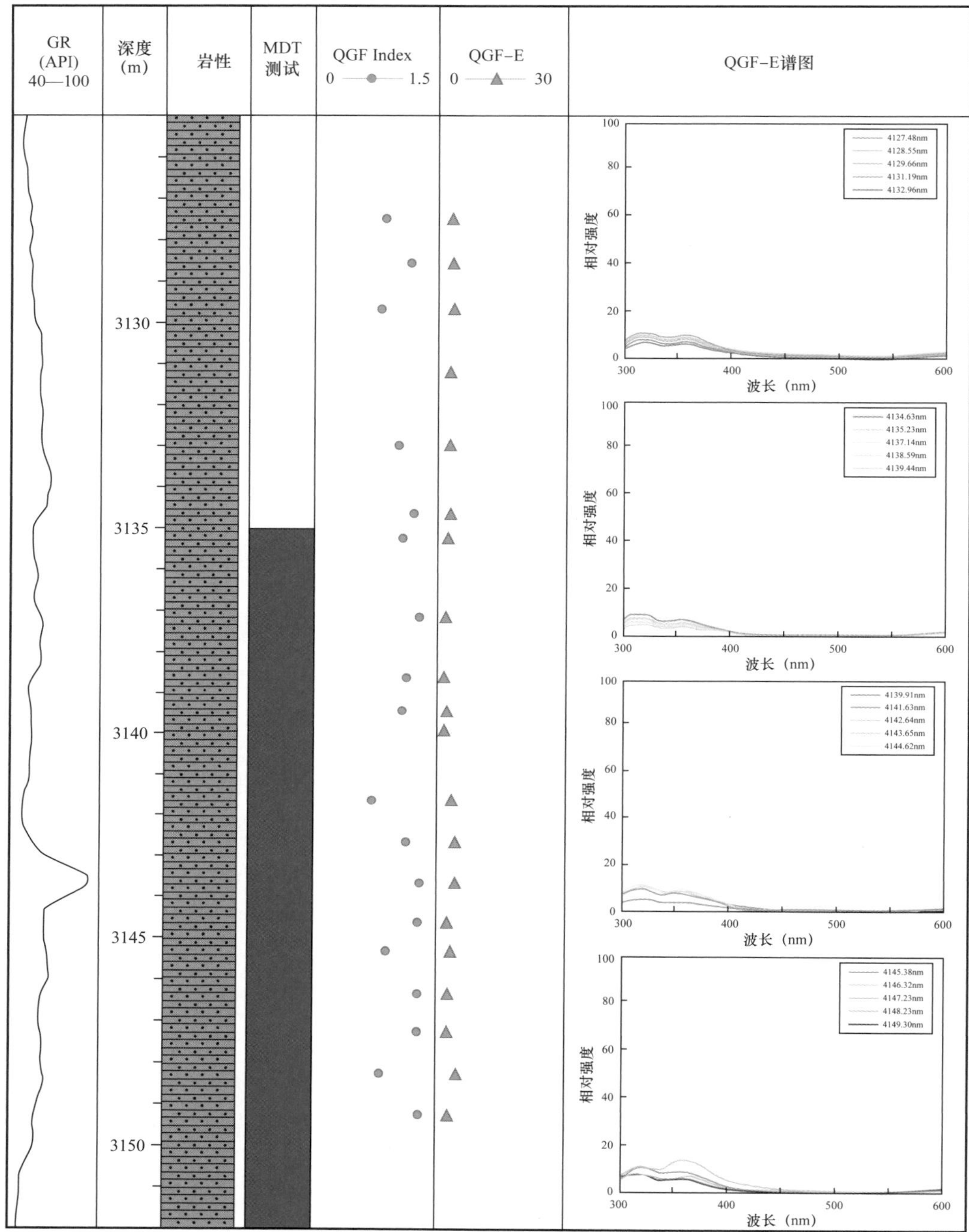

图 4-4　C-1 井水层颗粒定量荧光谱图和参数特征（古气层）

2. 气层的颗粒定量荧光特征

QGF-E 基本大于 5，QGF-E 在 375～400nm 之间有明显的荧光峰，反映砂岩颗粒表面有较多的烃类残余，说明储层目前仍是烃层，气层中的重质组分较少，其荧光强度不可能很高，故而其萃取物荧光强度中等。研究区气层的 QGF-E 基本大于 5，主区间为 5～20（图 4-5）。

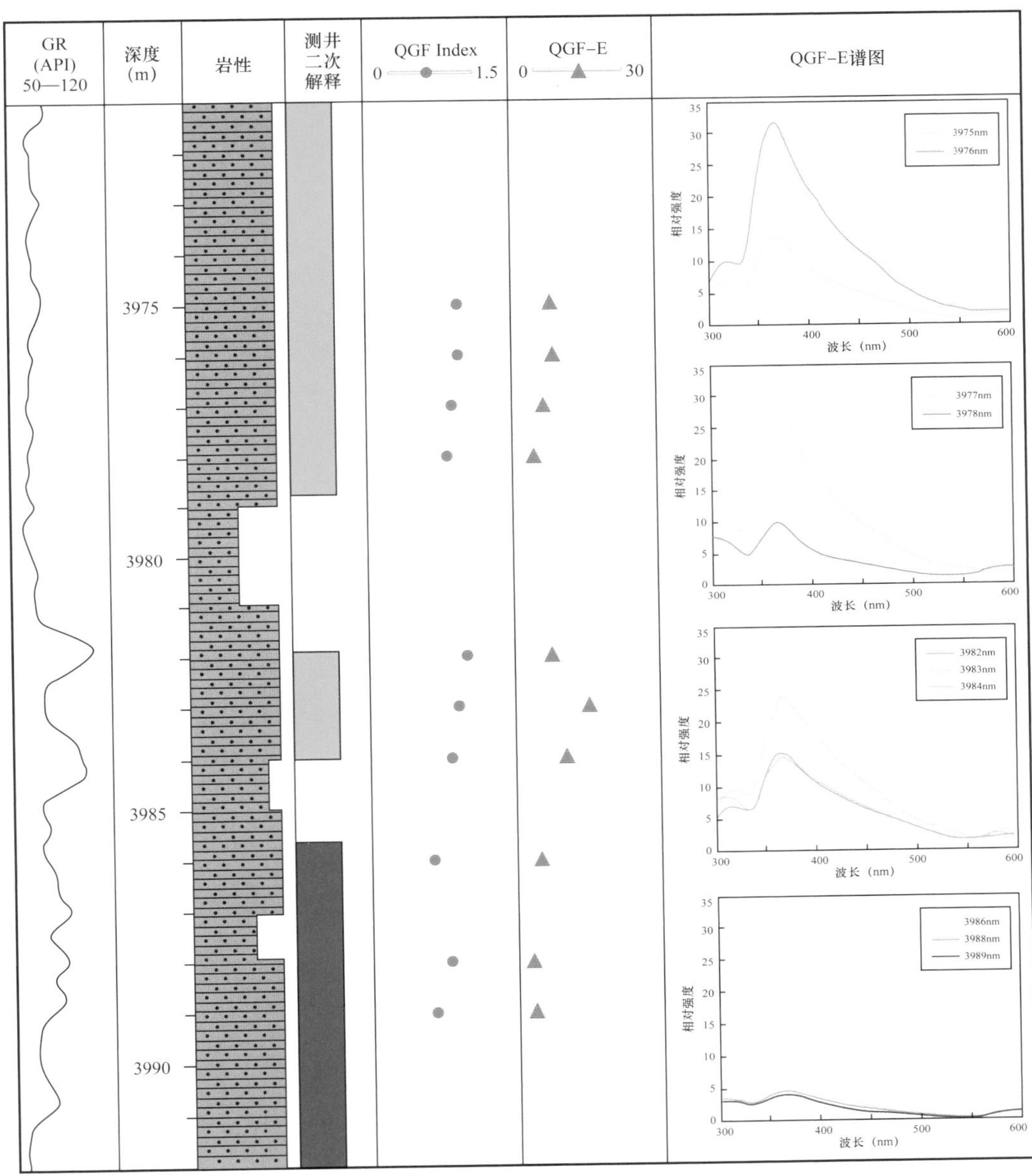

图 4-5　C-2 井气层颗粒定量荧光谱图和参数特征

QGF Index 基本大于 1，颗粒定量荧光指数反映颗粒内部包裹体含量多少及包裹体内部含烃多少，气层的 QGF Index 大于 1，说明颗粒内部包裹体含量较多，重烃组分含量不高。

3. 凝析气层的颗粒定量荧光特征

凝析气层由于重烃组分含量高，其QGF-E很高，一般大于20，部分样品甚至超过100，荧光谱图在375～400nm之间有异常高的荧光峰，反映颗粒表面的烃类含量很高，重烃组分也很高。QGF Index一般大于1，反映颗粒内部包裹体数量多，重烃含量高（图4-6）。

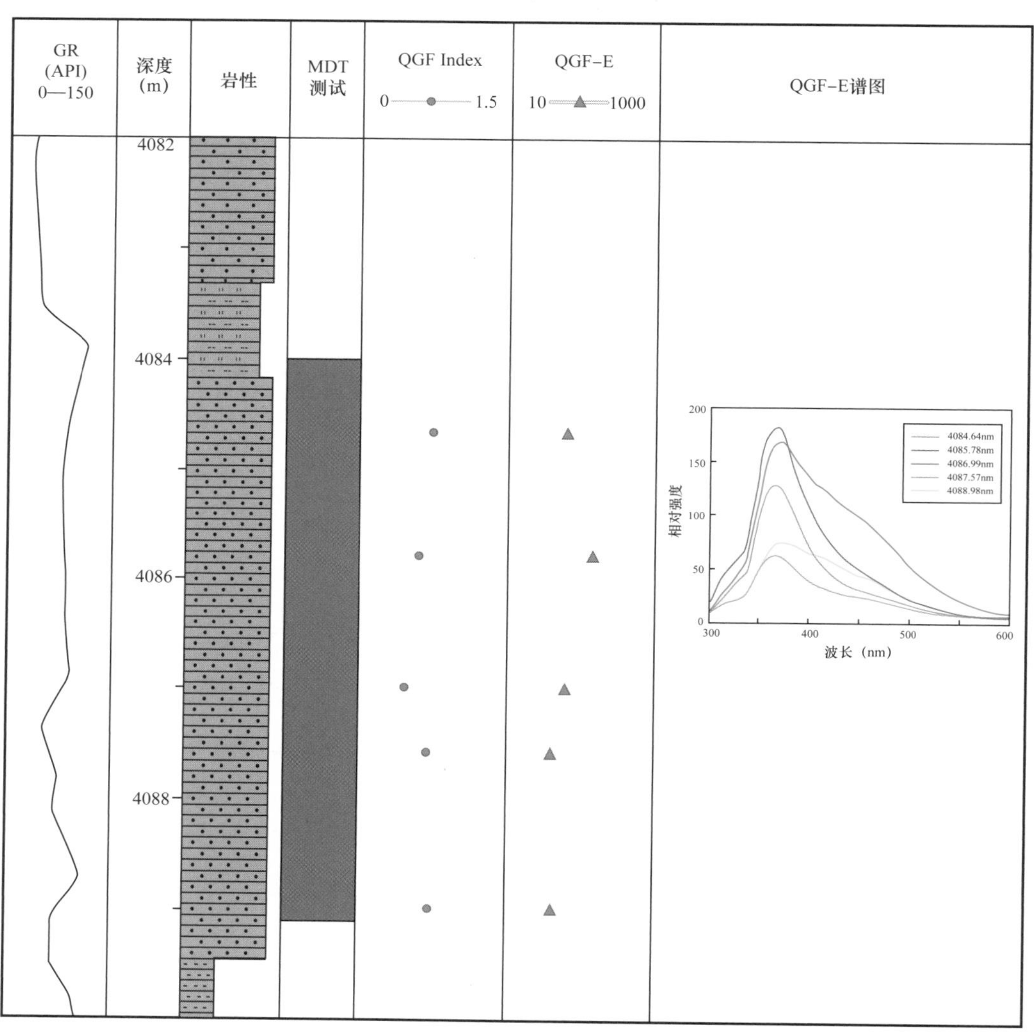

图4-6　IS-1井凝析气层颗粒定量荧光谱图和参数特征

综上，进行颗粒定量荧光解释时，首先观察其曲线特征，根据曲线特征进行初步判断，然后将计算的数据投放到对应的井剖面上，以及解释图版上，分析其储层流体性质，而且需要结合储层所在的位置、储层特征进行综合解释。需要指出的是，储层多个数据点显示一个性质，就可以解释为该流体性质，个别数据点出现偏离也是正常现象。

第二节　基于孔隙结构的含气饱和度预测技术

由于低渗透及致密砂岩储层具有低孔隙度、低渗透率、复杂的孔隙结构及强烈的非均质性，对于低渗透及致密储层孔隙结构的表征面临诸多难题，难以对储层孔隙结构进行有效评价。现阶段的储层评价以岩心实验为主，只能集中在目标层位的岩心样品，同时依靠核磁共振测井来进行全井段的储层评价。但在部分缺少核磁共振测井资料的井上，难以进行全井段的储层分类评价。在饱和度预测方面，由于低渗透及致密储层束缚水饱和度高，气水关系复杂，在利用常规阿尔奇公式计算储层含气饱和度时，得到的计算结果与实际测试结果存在较大的差异，对低渗透及致密砂岩储层的勘探开发造成困难。基于孔隙结构的含气饱和度预测技术采用函数拟合的方法，将核磁共振孔径分布曲线转化为拟合参数，构建孔隙结构评价参数（η 值）作为储层划分的标准参数，可以对储层孔隙结构进行有效的评价。同时针对缺少核磁共振测井的部分井，通过建立常规测井与 η 值的经验公式，进行全井段的储层孔隙结构评价。在储层孔隙结构评价的基础上，针对不同类型的孔隙结构分别计算岩电参数，保证阿尔奇公式的准确性，有效地提高了含气饱和度的计算精度。需要指出的是，该预测技术基于岩心和完井后的测井资料，并不属于随钻流体识别的范畴。

一、孔隙结构数学表征原理

对于储层孔隙结构研究，前人提出了多种模型对其进行描述、建模，包括多种密度函数用以模拟孔隙大小分布或者相关的岩石物理参数。例如，Thomeer（1960）调用双曲线函数来拟合压汞曲线。Hidajat 等（2002）使用三峰威布尔分布来拟合核磁共振 T_2 谱，当岩石完全被水饱和时，T_2 谱与孔隙大小分布密切相关。相似地，Gentry 等（2007）使用三个以上的高斯成分拟合核磁共振 T_2 谱曲线。Chicheng Xu（2013）基于双峰高斯函数模型来拟合压汞曲线。事实上，高斯密度函数在公开文献中经常被用于模拟孔隙大小和颗粒大小分布。本研究就是基于双峰高斯函数模型，将核磁共振曲线设想成含有 6 个变量的关于 T_2 的两个高斯密度函数的叠加曲线，以此来对孔隙结构进行表征和分类。

双峰高斯函数曲线公式如下：

$$P\left(\lg T_2;\ W_1,\ \lg\mu_1,\ \lg\sigma_1;\ W_2,\ \lg\mu_2,\ \lg\sigma_2\right)$$

$$P=W_1\cdot\frac{1}{\sqrt{2\pi}\cdot\lg\sigma_1}\cdot e^{-\frac{(\lg T_2-\lg\mu_1)^2}{2(\lg\sigma_1)^2}}+W_2\cdot\frac{1}{\sqrt{2\pi}\cdot\lg\sigma_2}\cdot e^{-\frac{(\lg T_2-\lg\mu_2)^2}{2(\lg\sigma_2)^2}} \tag{4-1}$$

式中，W_2 为大孔峰占比，表示孔隙结构中，大孔喉连接的孔隙体积部分，主要决定了渗流能力和渗透率；W_1 为小孔峰占比，表示与小孔喉连接的孔隙体积部分，是离心核磁共振和压汞实验的退汞过程中，大多数润湿相优先驻留的孔隙，它对流体渗流的贡献很小；$\lg\mu_1$ 和 $\lg\mu_2$ 分别为小孔峰 T_2 中值和大孔峰 T_2 中值，分别是小孔喉和大孔喉半径的平均值对数形式，较大的值表明较大的流体流动通道和较高的输导能力；$\lg\sigma_1$ 和 $\lg\sigma_2$ 分别为小孔峰标准差和大孔峰标准差，分别是小孔喉和大孔喉半径的标准差形式，表明毛细管大小的非均质性，较大的值表明较差的毛细管分选性和孔隙网络较高的弯曲度，导致在相同的孔喉中值半径和孔隙体积情况下，具有更低的渗透率。

从公式（4–1）中可以看出，整条双峰高斯函数曲线是由 W_1、$\lg\mu_1$、$\lg\sigma_1$、W_2、$\lg\mu_2$、$\lg\sigma_2$ 6 个值控制的关于 $\lg T_2$ 的 P 值曲线，利用 Origin 软件，可以快速拟合核磁共振孔隙分布曲线的各项参数（W_1、$\lg\mu_1$、$\lg\sigma_1$、W_2、$\lg\mu_2$、$\lg\sigma_2$），进而利用它们对样品的孔隙结构进行表征。为了方便对不同实验条件下的核磁共振 T_2 曲线进行对比，在拟合前将曲线进行归一化处理，即将曲线面积统一为零，这样可以得到公式（4–2）：

$$W_1 + W_2=1 \tag{4–2}$$

同时，由于实验条件、仪器的变化，横坐标的 T_2 谱会发生偏移，这种情况下，直接利用公式（4–1）对不同实验条件下的实测曲线进行拟合，有可能导致 $\lg\mu_1$ 和 $\lg\mu_2$ 出现较大偏差，可以利用多种方法（包括相似对比法、平均饱和度误差最小值法）确定 C 值，将 T_2 谱转化为孔径分布，将 $\lg\mu_1$ 和 $\lg\mu_2$ 转化为 r_1 和 r_2（小孔峰孔径中值和大孔峰孔径中值），方便不同样品间的对比。

在东海盆地西湖凹陷中央构造带北部 A、B、C 井区 25 个样品的核磁共振实验数据基础上，利用 Origin 软件对核磁共振 T_2 谱曲线进行高斯双峰函数拟合，发现拟合函数与实测函数拟合度高（图 4–7、表 4–2，拟合度 R^2 普遍大于 0.98），说明利用高斯双峰函数可以准确地拟合出核磁共振曲线及其各项属性特征。将高斯函数拟合参数与压汞核磁共振实验参数进行对比发现，大孔峰孔径中值和大孔峰孔隙度与压汞核磁共振实验参数相关性高，其中大孔峰孔径中值与渗透率（R^2=0.82）、可动流体孔隙度（R^2=0.71）和平均喉道半径（R^2=0.76）有明显的正相关性，与排驱压力（R^2=0.76）呈明显负相关性（图 4–8），这是由于大孔峰孔径中值反映了大孔的孔径中值，大孔峰孔径中值越大，说明大孔峰代表的孔隙整体孔径越大，储层渗流能力越强。大孔峰孔隙度反映储层可动流体占比，也具有同样的规律，与渗透率（R^2=0.64）、可动流体孔隙度（R^2=0.63）和平均喉道半径（R^2=0.69）呈强烈的正相关性，与排驱压力（R^2=0.67）呈负相关性（图 4–9）。大孔峰孔隙度越大，说明储层可动流体越多，储层渗流能力越强。

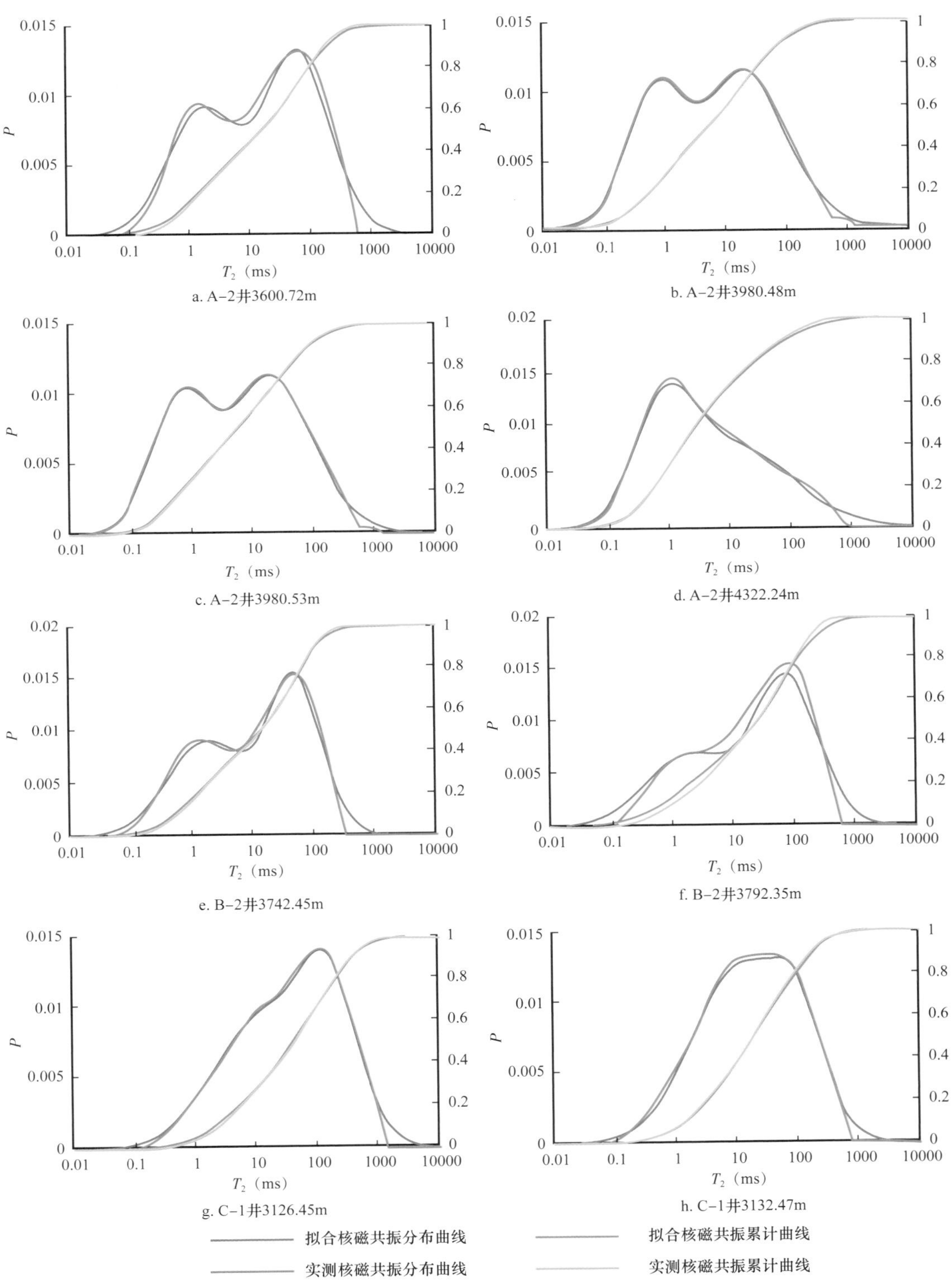

图 4-7 东海西湖凹陷中央构造带北部样品核磁共振实验曲线与拟合曲线对比图

表 4–2 西湖凹陷中央构造带北部砂岩样品双峰高斯函数拟合参数

井号	深度（m）	层位	孔隙度（%）	渗透率（mD）	$\lg\mu_1$	$\lg\sigma_1$	W_1（%）	$\lg\mu_2$	$\lg\sigma_2$	W_2（%）	$\lg d_1$	$\lg d_2$	R^2
A–1	3450.70	H_3	8.20	1.95	0.61	0.49	0.38	1.93	0.54	0.62	0.11	2.37	1.00
A–1	3830.50	H_4	12.60	1.66	0.59	0.48	0.35	1.92	0.57	0.65	0.05	1.13	1.00
A–2	3607.70	H_3	15.50	409.00	0.89	0.61	0.42	2.13	0.40	0.58	0.24	4.18	0.99
A–2	3983.60	H_4	8.50	0.16	0.49	0.39	0.70	1.61	0.42	0.30	0.04	0.58	1.00
A–2	3600.72	H_3	10.84	11.88	0.24	0.58	0.43	1.80	0.53	0.57	0.09	3.20	1.00
A–2	3600.77	H_3	10.72	7.48	0.19	0.55	0.42	1.74	0.56	0.58	0.09	3.19	1.00
A–2	3961.62	H_4	5.13	0.17	−0.03	0.51	0.71	1.22	0.61	0.29	0.07	1.27	1.00
A–2	3980.48	H_4	8.61	0.96	−0.16	0.48	0.37	1.31	0.68	0.63	0.03	0.82	1.00
A–2	3980.53	H_4	9.41	1.03	−0.15	0.49	0.38	1.34	0.68	0.62	0.03	0.90	1.00
A–2	4322.24	H_6	4.32	0.18	−0.03	0.50	0.42	1.16	0.92	0.58	0.03	0.47	1.00
A–3	4120.20	H_5	6.10	0.08	0.51	0.42	0.35	1.72	0.64	0.65	0.02	0.38	1.00
A–4	3508.40	H_3	2.80	0.05	0.52	0.45	0.37	1.86	0.58	0.63	0.03	0.57	1.00
A–4	3915.10	H_4	7.20	0.95	0.59	0.49	0.36	1.92	0.56	0.64	0.04	0.92	1.00
B–2	3743.30	H_3	13.80	31.80	0.71	0.62	0.54	1.88	0.44	0.46	0.18	2.62	0.99
B–2	4000.20	H_4	3.50	0.07	0.34	0.37	0.85	1.68	0.26	0.15	0.04	0.92	1.00
B–2	4001.20	H_4	7.10	0.25	0.34	0.37	0.85	1.68	0.26	0.15	0.04	0.94	1.00
B–2	3742.45	H_3	12.64	28.86	0.18	0.65	0.46	1.73	0.46	0.54	0.09	3.03	1.00
B–2	3742.50	H_3	12.84	23.49	0.25	0.64	0.48	1.70	0.43	0.52	0.10	2.84	1.00
B–2	3792.35	H_3	12.69	54.82	0.32	0.71	0.40	1.89	0.51	0.60	0.09	3.42	1.00
B–3	4292.70	H_5	7.00	0.12	0.41	0.41	0.47	1.72	0.50	0.53	0.03	0.70	1.00
C–1	3981.80	H_6	7.10	0.12	0.48	0.39	0.49	1.72	0.56	0.51	0.02	0.42	1.00

续表

井号	深度（m）	层位	孔隙度（%）	渗透率（mD）	$\lg\mu_1$	$\lg\sigma_1$	W_1（%）	$\lg\mu_2$	$\lg\sigma_2$	W_2（%）	$\lg d_1$	$\lg d_2$	R^2
C-1	3989.60	H_6	6.90	0.20	0.49	0.40	0.44	1.76	0.58	0.56	0.02	0.38	1.00
C-1	3126.45	H_3	15.82	14.29	1.14	0.83	0.65	2.21	0.45	0.35	0.39	4.58	1.00
C-1	3132.47	H_3	16.08	5.37	1.09	0.79	0.81	2.05	0.38	0.19	0.27	2.48	1.00
C-1	3132.52	H_3	16.36	6.56	1.12	0.78	0.79	2.10	0.39	0.21	0.29	2.76	1.00

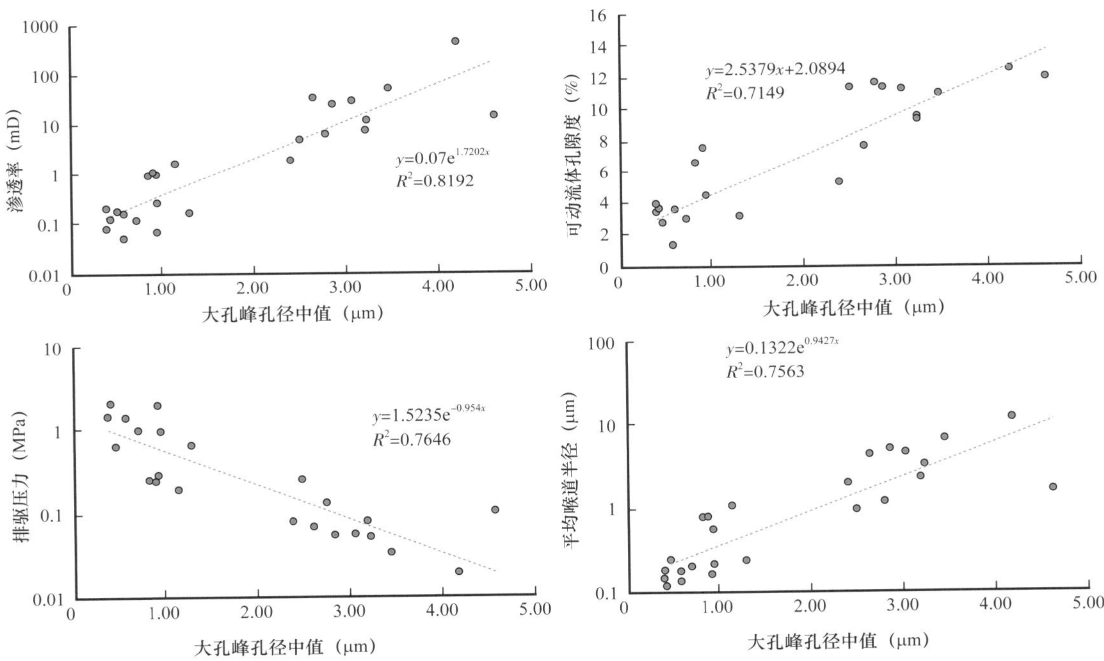

图 4-8　大孔峰孔径中值与渗透率、可动流体孔隙度、平均喉道半径、排驱压力关系图

二、储层孔隙结构分类方法

结合上述实验数据与前人经验，对东海盆地西湖凹陷花港组储层类型进行划分。根据前文研究，大孔峰孔隙度表明可动流体的多少，大孔峰孔径中值表明连通性好的大孔平均半径，二者都反映了储层质量评价指标的一部分，与储层渗流能力有较好相关性。单用其中一种参数可能对渗流能力的判断产生偏差，例如 A-1 井 3830.5m 样品，虽然其大孔峰孔隙度高达 8.19%，但其大孔峰孔径中值只有 1.13μm，导致其储层渗流能力中等，渗透率只有 1.66mD。而 C-1 井 3132.47m 样品，其大孔峰孔隙度只有 2.98%，但大孔峰孔径达

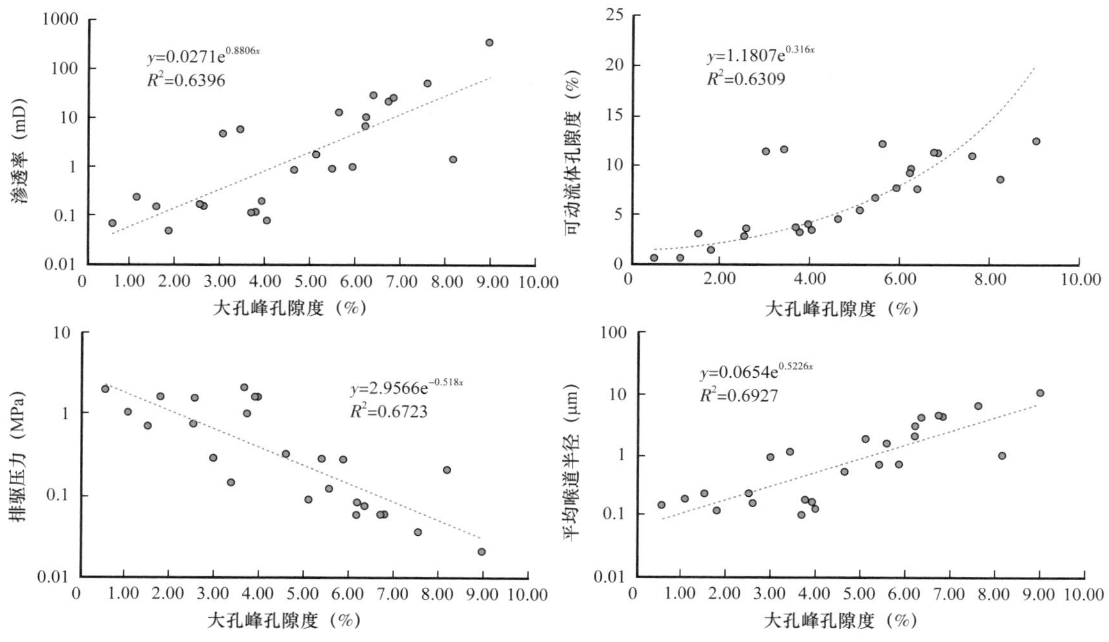

图 4-9　大孔峰孔隙度与渗透率、可动流体孔隙度、平均喉道半径、排驱压力关系图

到 2.48μm，所以渗流能力较好，渗透率达到 5.37mD。为了更全面地利用它们进行评价，特引入复核参数 η 值的概念。其中：

$$\eta=\phi\cdot W_2\cdot \lg\mu_2 \tag{4-3}$$

即 η 值等于大孔峰孔隙度乘以大孔峰孔径中值，是结合了可动流体占比与大孔半径的评价参数，η 值与渗透率（R^2=0.87）、可动流体孔隙度（R^2=0.84）和平均喉道半径（R^2=0.84）呈明显正相关（图 4-10），与排驱压力（R^2=0.92）呈明显负相关，表明 η 值越大，储层孔隙结构越好，渗流能力越强，储层质量高。利用 η 值可以有效地对储层质量和孔隙结构进行评价。根据 η 值，可将西湖凹陷花港组储层样品划分为四类（表 4-3），分为 Ⅰ 类、Ⅱ 类、Ⅲ类、Ⅳ类（图 4-11）。

Ⅰ类储层样品 6 块，占统计样品总数的 24%，均为 H_3 段样品，埋藏深度较浅。孔隙度普遍大于 12%，渗透率大于 10mD。Ⅰ类样品的进汞曲线排驱压力低于 0.1MPa，平均排驱压力为 0.06MPa，呈明显的三段式，早期进汞阶段具有较长的稳定平台期，进汞曲线平缓；随着进汞量的增加，进汞饱和度达到 40%～45% 后，曲线呈现较大斜率，平均最大进汞饱和度可达 88.46%。整体上孔喉偏粗，平均喉道半径为 5.20μm，孔喉连通性好，孔隙结构相对简单，分选性好。同时，通过其核磁共振分布曲线可以发现，曲线以右峰为主导，平均大孔峰孔径中值为 3.45μm。Ⅰ类样品具有很强的渗流能力，平均可动流体孔隙度高达 10.93%，束缚水饱和度普遍低于 25%，均值为 20.84%，属于优质储层。

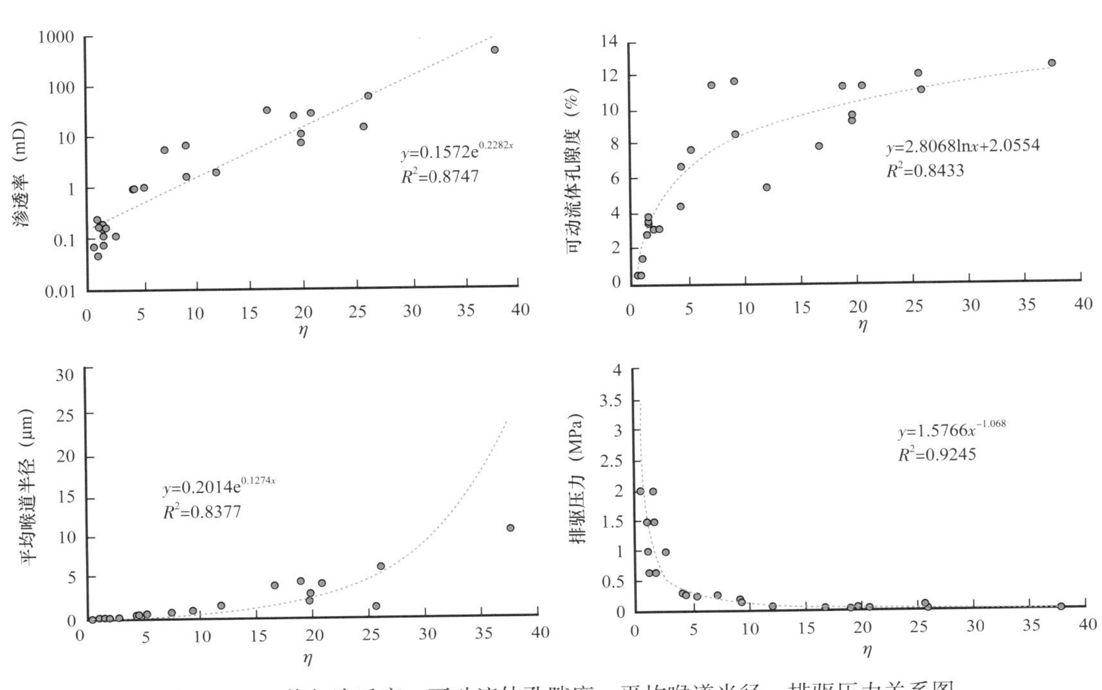

图 4-10　η 值与渗透率、可动流体孔隙度、平均喉道半径、排驱压力关系图

表 4-3　储层孔隙结构分类标准

分类参数	储层分类			
	Ⅰ类	Ⅱ类	Ⅲ类	Ⅳ类
大孔 η 值	＞18	8～18	3～8	＜3
孔隙度划分	中孔	低孔—中孔	特低孔	超低孔
孔隙度（%）	＞15	10～15	5～10	＜5
渗透率划分	低渗—中渗	特低渗	超低渗	
渗透率（mD）	＞10	1～10	0.2～1	＜0.2
排驱压力（MPa）	＜0.1	0.1～0.2	0.2～1	＞1
平均喉道半径（μm）	＞2	0.7～2	0.2～0.7	＜0.2
可动流体孔隙度（%）	＞11	8～11	4～8	＜4
储层评价	好	较好	一般	差

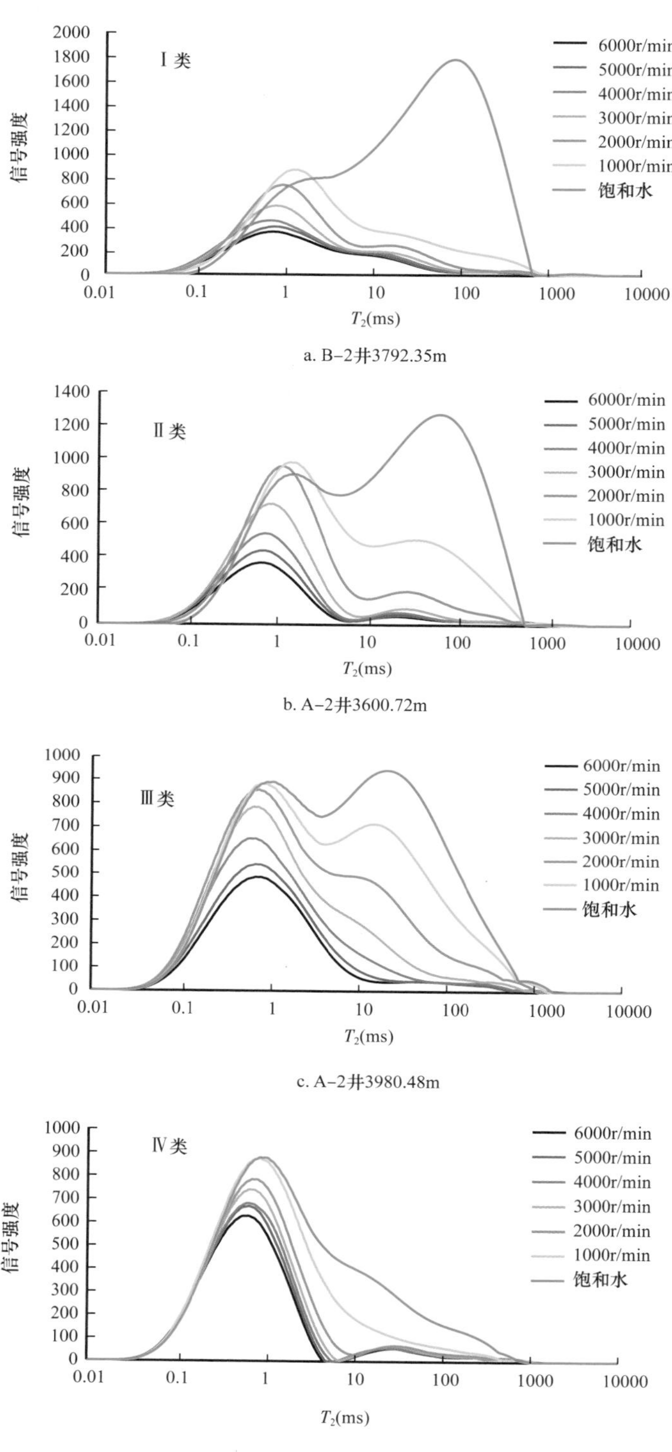

图 4-11　不同类型孔隙结构的核磁共振 T_2 谱分布特征

Ⅱ类储层样品6块，占统计样品总数的24%，H_3和H_4段样品混杂，埋深中等。孔隙度普遍介于8%～15%之间，渗透率介于1～10mD之间。Ⅱ类样品的进汞曲线略高于Ⅰ类样品进汞曲线，排驱压力普遍介于0.1～0.2MPa之间，均值为0.14MPa。早期进汞阶段具有较长的稳定平台期，进汞量达到50%后，曲线斜率缓慢变大，平均最大进汞饱和度可达80.97%。孔喉整体较粗，平均喉道半径为1.66μm，孔隙结构一般，分选中等。对比核磁共振分布曲线发现，曲线呈双峰型，平均大孔峰孔径中值为2.52μm。Ⅱ类样品具有较强的渗流能力，平均可动流体孔隙度高达9.31%，束缚水饱和度普遍介于10%～40%之间，均值为24.91%，属于较好储层。

Ⅲ类储层样品5块，占统计样品总数的20%，以H_4和H_6段为主，埋藏较深，孔隙度集中在5%～10%之间，渗透率普遍介于0.2～1mD之间。Ⅲ类样品进汞曲线高于Ⅰ、Ⅱ类样品进汞曲线，排驱压力介于0.2～1MPa之间，均值为0.66MPa。曲线同样具有平台期。孔喉整体较细，平均喉道半径为0.46μm，孔隙结构较差，分选差。核磁共振分布曲线同样呈双峰型，但部分样品左峰占优势，平均大孔峰孔径中值为0.79μm。Ⅲ类样品的渗流能力一般，平均可动流体孔隙度只有4.67%，束缚水饱和度均值为40.91%，属于一般储层。

Ⅳ类储层样品8块，占统计样品总数的32%，以H_4、H_5和H_6段为主，埋藏深，大部分样品孔隙度小于7%，渗透率小于0.2mD。Ⅳ类样品进汞曲线高于其余三类曲线，排驱压力普遍大于1MPa，均值为1.36MPa。曲线平台期较短且模糊，平均最大进汞饱和度可达79.69%。具有细孔喉特征，平均喉道半径为0.16μm，孔隙结构差，分选差。核磁共振分布曲线以左峰为主，平均大孔峰孔径中值为0.66μm。Ⅳ类样品的渗流能力差，平均可动流体孔隙度仅2.73%，束缚水饱和度均值高达51.33%，储层质量最差。

在有核磁共振测井资料的井上，可以直接应用核磁共振测井数据，拟合高斯函数，计算η值进行储层孔隙结构评价。在部分缺少核磁共振测井的井上，需要在岩心核磁共振实验数据的基础上，建立常规测井曲线与η值之间的关联，分析表明，可以利用声波、密度和伽马测井数据建立与η值的经验公式。声波和密度测井可以反映储层的孔隙度信息，伽马测井反映储层中泥质含量信息，这与储层渗流能力息息相关。利用上述三项测井数据，本书建立了东海盆地西湖凹陷致密储层η值的拟合经验公式（图4–12）：

$$\eta = 213.749 - 0.821 \cdot AC - 51.869 \cdot DEN - 20.56 \cdot GR/AC \tag{4-4}$$

式中，AC为声波测井值；DEN为密度测井值；GR为伽马测井值。利用经验公式（4–4），可以在无核磁共振测井的情况下，拟合大孔η值进行孔隙结构预测和储层孔隙结构类型划分（图4–13）。

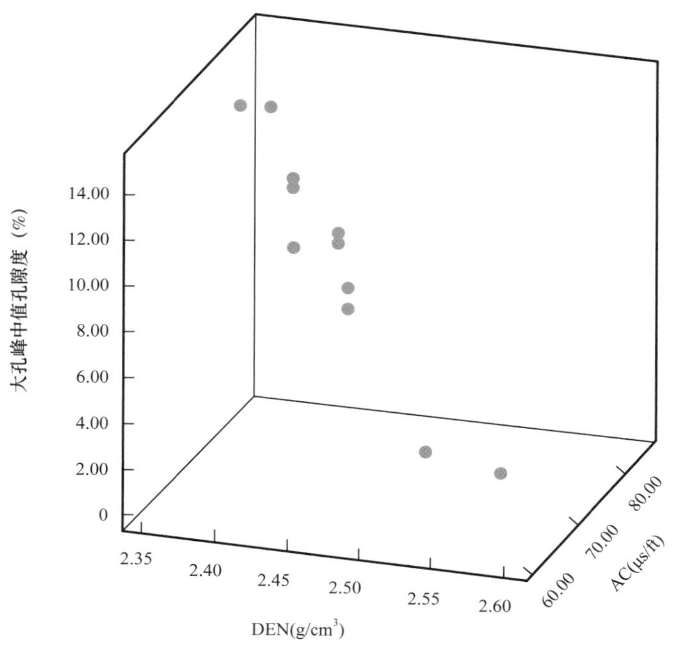

图 4–12　双峰高斯函数 η 值与常规测井拟合

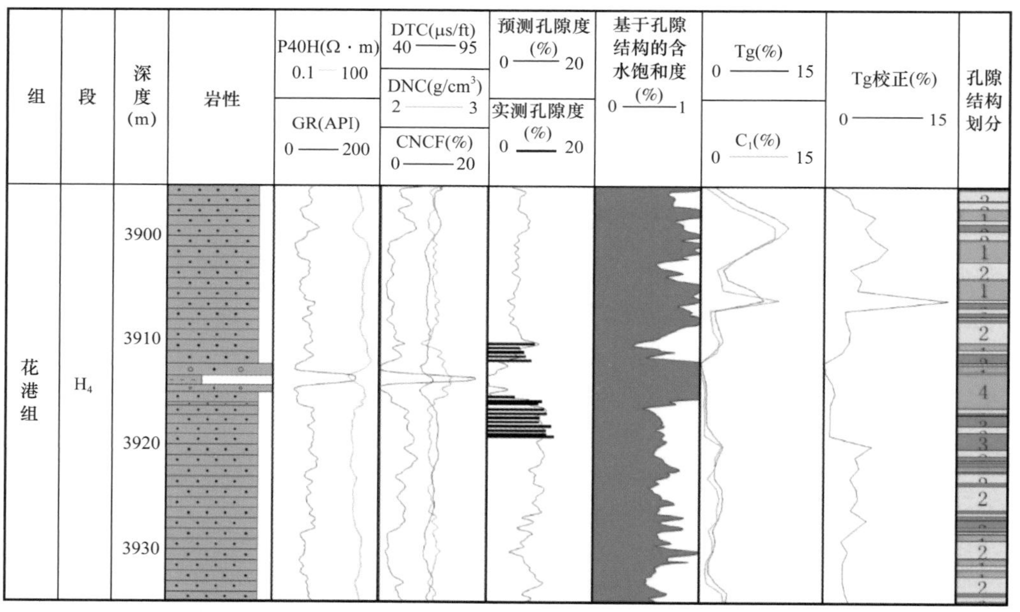

图 4–13　利用 η 值进行孔隙结构预测和储层类型划分（A–4 井）

三、基于储层孔隙结构分类的含气饱和度计算方法

阿尔奇公式是计算含气饱和度最常用的方法，但是对于孔隙结构复杂的低渗透及致密

砂岩储层，不分孔隙结构类型地选取单一岩电参数进行测井饱和度评价往往计算不准确，测井计算与实际测试结果存在较大的差异。根据前人常规常压条件测量数据（图 4–14），计算得出西湖凹陷致密砂岩储层阿尔奇参数为 a=3.3596、b=1.0242、m=1.1690、n=1.4916。这远超阿尔奇参数的经验范围。

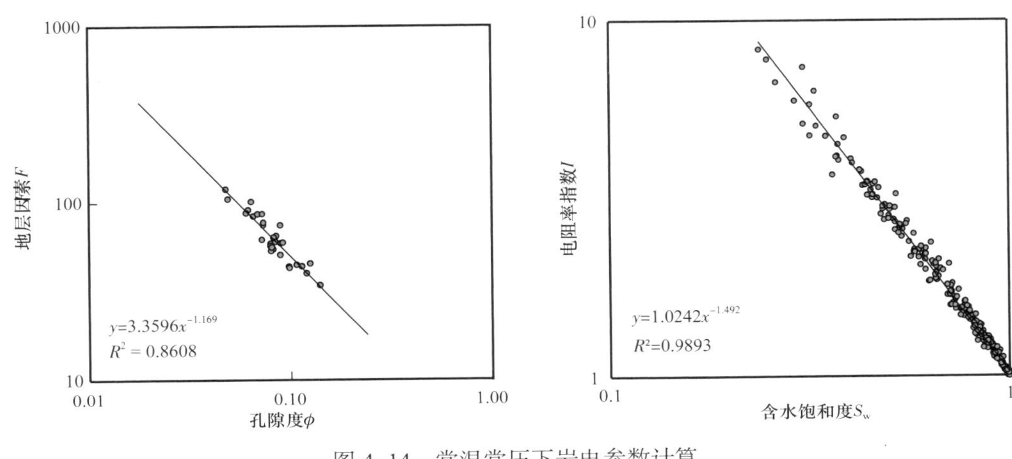

图 4–14　常温常压下岩电参数计算

将实验样品基于 η 值进行孔隙结构划分，发现不同类型孔隙结构的储层具有不同的阿尔奇参数（图 4–15）。其中不同孔隙结构类型储层的 a（岩性系数）与 m（胶结指数）有较大差异，而 b（系数）和 n（饱和度指数）较一致。所以，在利用 η 值划分储层孔隙结构的基础上，可以在不同类型的储层计算中，应用对应的阿尔奇参数，进行更准确的含水饱和度计算。

基于孔隙结构类型划分的含气饱和度预测，主要步骤为：

（1）收集岩心样品及数据，测试岩心样品的孔隙度、渗透率，然后进行样品饱和水核磁共振实验，根据实验数据，建立实测核磁共振曲线。

（2）根据核磁共振曲线，拟合计算核磁共振孔隙分布曲线的各项参数（W_1，$\lg\mu_1$，$\lg\sigma_1$；W_2，$\lg\mu_2$，$\lg\sigma_2$），计算 η 值，参考表 4–3 进行储层孔隙结构分类。

（3）在具有核磁共振测井的井中，直接计算 η 值。在缺少核磁共振测井的井中，建立 η 值与声波、密度和伽马测井值的经验公式，实现全井段的孔隙结构划分。

（4）进行岩心岩电实验，在 η 值孔隙结构分类的基础上，计算不同类型孔隙结构的阿尔奇参数。

（5）在测井 η 值孔隙结构分类的基础上，计算目标层段的含水饱和度，进而得到含气饱和度。

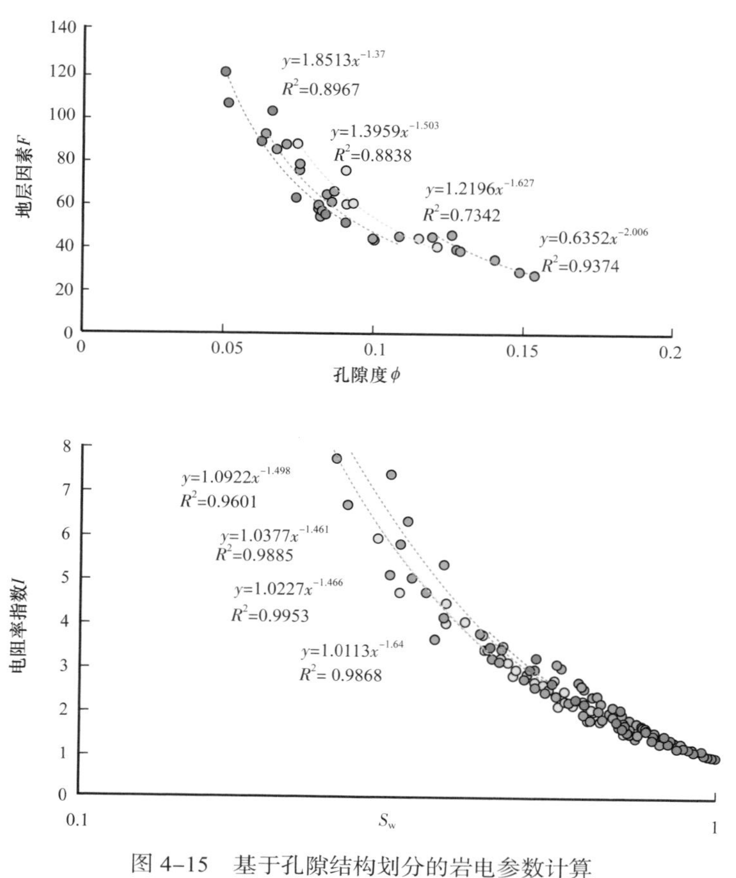

图 4-15　基于孔隙结构划分的岩电参数计算

致密砂岩复杂的孔隙结构和强烈的非均质性，导致了常规方法难以有效表征储层孔隙结构，阿尔奇参数也难以准确地预测含气饱和度。采用拟合函数法，将储层孔隙结构拆分表征成 6 个拟合参数，可以定量评价储层孔隙结构，并利用 η 值进行基于储层孔隙结构类型的划分，既体现孔隙结构，又反映储层的渗流性能，解决了致密砂岩储层特征描述和评价的问题。利用已有的岩心核磁共振实验数据与声波、密度和伽马测井数据建立经验公式，实现全井段的储层质量预测，解决了部分缺少核磁共振测井资料的井难以进行储层评价的难题。在 η 值划分孔隙结构的基础上，进行岩电参数的计算，提高了含水饱和度的计算精度。

四、孔隙结构划分及分类含气饱和度预测适用范围条件

基于储层孔隙结构分类的含气饱和度计算方法适用于常规、低渗透及致密砂岩储层，并未考虑碳酸盐岩、火山岩和变质岩储层，不能用该方法简单套用，需要经过机理分析并进行实验研究后才能确定是否适用。在函数拟合中采用双峰高斯函数，是因为致密砂岩孔径分布以双峰型为主，不排除个别样品出现单峰型孔径分布。在单峰型孔径分布样品中，

可以参考其同批样品来确定单峰是大孔峰还是小孔峰，然后再以 Origin 软件进行拟合，确定其拟合参数。对不同实验条件下的实测曲线进行拟合时，应先对数据进行前处理，将 T_2 谱转化为孔径分布，将 $\lg\mu_1$ 和 $\lg\mu_2$ 转化为 r_1 和 r_2（小孔峰孔径中值和大孔峰孔径中值），方便不同样品间的对比。如果要在有核磁共振测井资料的井上应用，可以直接应用核磁共振测井数据来拟合高斯函数，计算 η 值并进行储层孔隙结构评价。在部分缺少核磁共振测井的井上，需要在岩心核磁共振实验数据的基础上，建立常规测井曲线与 η 值之间的关联。前文中给出的常规测井拟合 η 值的经验公式和不同类型孔隙结构的岩电参数，是根据东海盆地西湖凹陷中央构造带北部的数据计算得出的经验公式，不同地区应有不同的经验公式，需要在各自地区的实验数据基础上进行分析和拟合，不能简单套用这些参数。

第五章
应用实例与效果

第一节　随钻测—录井一体化快速识别技术的应用

复杂流体性质随钻测—录井一体化识别技术，主要包括基础数据检查、测—录井单井剖面建立、气测录井校正、解释层选择、解释层性质描述、解释层特征值选取、特征值计算与处理、气测异常倍率法解释、气测组分法解释、测—录井联合识别法解释和综合解释等共 11 个方面。本章选取一口标准井进行实际解释的流程演示，并对解释过程中需要注意的问题进行说明，以达到较好的解释效果。

将解释流程划分大类，包括测—录井数据前处理、目标层初步解释、目标层多技术交互解释、结果整理及输出。其中测—录井数据前处理包括：（1）钻井基本情况及测—录井数据检查；（2）单井剖面建立；（3）气测录井校正。目标层初步解释包括：（1）解释层选择；（2）解释层性质初步解释。目标层多技术交互解释包括：（1）特征值选取；（2）特征值计算与处理；（3）气测异常倍率法解释；（4）气测组分法解释；（5）测—录井联合识别方法解释。结果整理及输出主要进行综合解释，给出可靠的解释结论并提出试油建议。

一、测—录井数据前处理

测—录井数据前处理是开展解释工作的基础（表 5–1）。下面以 A–1 井为例加以介绍。

表 5–1　A–1 井测—录井数据检查

类别	明细	是否齐全
钻井工程参数	钻头尺寸、钻时、排量、井径、钻井液密度等	全井段齐全
岩屑录井	岩性、颜色，含岩屑干照、滴照	龙井组、花港组齐全
气测录井	Tg、C_1、C_2、C_3、nC_4、iC_4、nC_5、iC_5、CO_2	龙井组、花港组齐全
三维荧光录井	荧光波长、荧光峰值、相当油含量、对比级别、油性指数	龙井组、花港组齐全
随钻测井	GR、A40H、P16H、P28H、P40H	花港组齐全

1. 基本情况及测—录井数据检查

井名：A–1。井位及井区：中央构造带北部。主要目的层：花港组。完钻层位：花港组。完钻井深：4400m。

2. 单井剖面建立

单井剖面建立主要是为了方便解释，且更直观。本书单井剖面主要包含层位划分、岩屑录井、电阻率测井、自然伽马测井、取心、气测数据、钻井参数等基础数据，同时也包括总烃校正数据（图 5-1）。

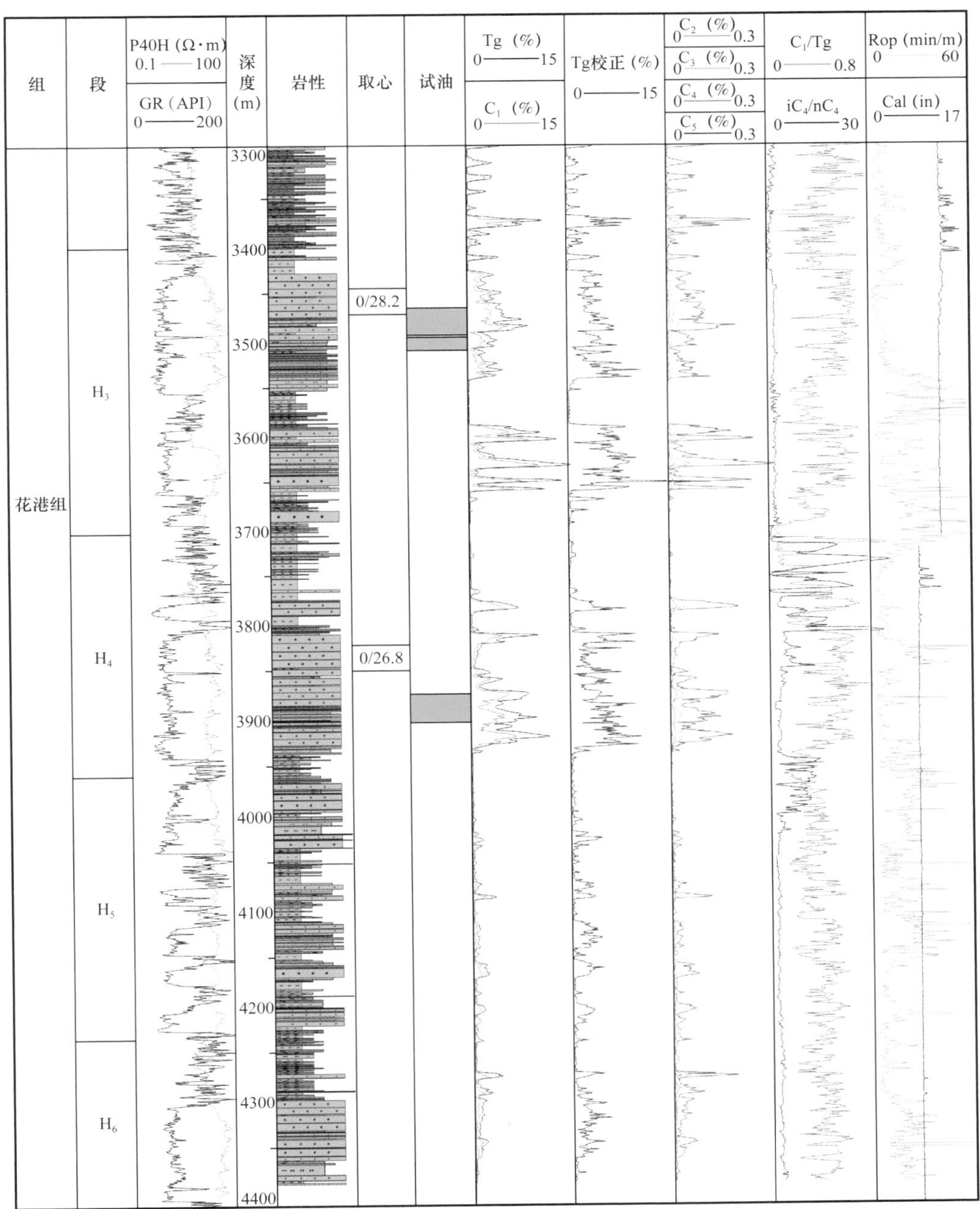

图 5-1　A-1 井气测录井单井剖面

将获得的数据导入 Resform 软件的数据库中，并选择需要的数据建立单井剖面，选取的原则是能使得重要的数据保留，同时要兼顾美观。单井剖面能直观地选择重点层位，对于确定重点层位有很重要的作用，且对随后的解释层选择有重要的帮助。

3. 气测录井校正

气测录井校正之前，首先要对气测曲线进行检查，实际气测录井曲线有可能出现单根气、提钻异常等情况，要先将其剔除，方可进行校正。

二、目标层初步解释

目标层初步解释的目的是对主要的储层进行气测特征分析，根据常用的肉眼解释标准进行流体性质解释，结合现场荧光录井的干照、滴照数据进行分析，给出相对合理的初步解释结论（表 5–2）。

表 5–2　油气层初步解释参考标准

Tg 曲线类型	Tg 曲线形态	特征值读值方法	快速解释原则和标准
饱满型	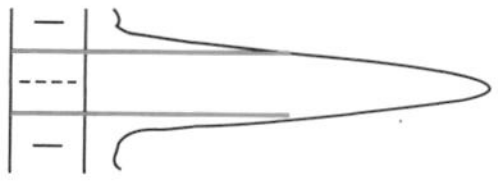	取半幅点之间的平均值	Tg_{max}>15%：好气层 Tg_{max}>8%：气层 Tg_{max}>5%：一般气层 Tg_{max}<5%：差气层 / 致密层
箱型	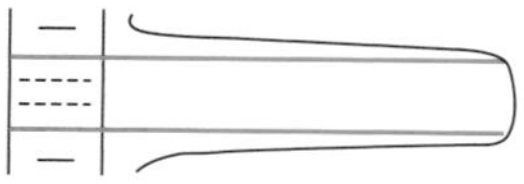	取曲线稳定的平均值	
指型	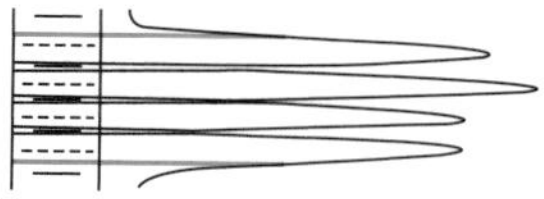	取半幅点之间的平均值	
尖峰型		取最大值	差气层、单根气
倒三角型	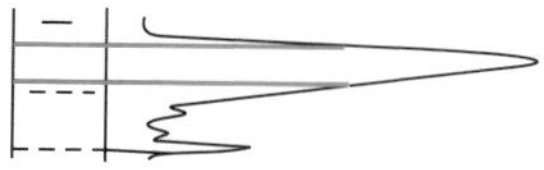	取半幅点之间的平均值	气层、差气层、含气层

1. 解释层选择

解释层选取的主要原则是：层厚度大于 5m，气测显示没有较大波动，电阻率比较稳定，钻时不出现较大波动，没有明显隔层夹层。该项工作一般由解释人员进行人工选择，按实际情况，一般一口井选择 5～10 层为宜。

2. 目的层描述及初步解释

目的层初步解释主要依靠解释人员的经验及一般标准进行，该标准根据研究区实际情况进行总结，有一个相对概念，在实际解释工作中，要综合考虑储层厚度、围岩性质、曲线形态、曲线异常幅度、钻井条件等多种因素，不存在仅依靠一种参数进行解释的情况。

A–1 井主要目的层为花港组（图 5–2），重点是 H_3、H_4 段，本次初步解释一共选取了 14 层 /324m，其中 H_2 段有 1 层、H_3 段有 5 层、H_4 段有 3 层、H_5 段有 4 层、H_6 段有 1 层，共解释了气层 7 层 /184m、差气层 2 层 /50m、致密层 5 层 /90m（表 5–3）。A–1 井 H_3、H_4 段气层层数多、层厚大、气测显示高、电阻率高，是勘探重点层位；H_5、H_6 段气测显示一般、电阻率较高，显示为致密层的特征。

1）H_2^1 层（3366.9～3375.3m，层厚 8.4m，H_2 段下部）

浅灰色泥质粉砂岩，含灰绿色粉砂质泥岩夹层。Tg 曲线形态为饱满型，气测异常明显。Tg 范围为 2.6%～11.7%，平均为 7.7%；C_1 范围为 1.3%～8.4%，平均为 4.8%。Tg 曲线形态解释为好气层。电阻率为 5.1～13.3Ω·m，平均电阻率为 9.5Ω·m，电性解释为差气层。普通荧光显示为无色，三维荧光录井解释为油气层、差气层。初步解释为气层（图 5–3）。

2）H_3^1 层（3426.9～3443.4m，层厚 16.5m，H_3 段上部）

浅灰色细砂岩。Tg 曲线形态呈饱满型，气测异常明显。Tg 范围为 1.4%～5.2%，平均为 2.5%；C_1 范围为 1.1%～4.1%，平均为 1.5%。Tg 曲线形态解释为差气层。电阻率为 12.2～35.5Ω·m，平均电阻率为 23.9Ω·m，电性解释为气层。普通荧光显示为无色，三维荧光录井解释为油气层、差气层。初步解释为差气层（图 5–4）。

3）H_3^2 层（3461.6～3487m，层厚 25.4m，H_3 段中上部）

浅灰色细砂岩。Tg 曲线形态呈箱型，气测异常非常明显。Tg 范围为 3.7%～9.1%，平均为 5.9%；C_1 范围为 2.5%～7.6%，平均为 3.6%。Tg 曲线形态解释为好气层。电阻率为 19.5～96.1Ω·m，平均电阻率为 48.5Ω·m，电性解释为好气层。普通荧光显示为无色，三维荧光录井解释为油气层。初步解释为好气层（图 5–4）。

4）H_3^3 层（3491.7～3534m，层厚 42.3m，H_3 段中部）

浅灰色细砂岩。Tg 曲线形态呈箱型，气测异常明显。Tg 范围为 0.8%～5.4%，平均为 2.9%；C_1 范围为 0.5%～3.7%，平均为 1.6%。Tg 曲线形态解释为气层。电阻率为 12.3～91.4Ω·m，平均电阻率为 42.7Ω·m，电性解释为好气层。普通荧光显示为无色，三维荧光录井解释为油气层。初步解释为气层（图 5–4）。

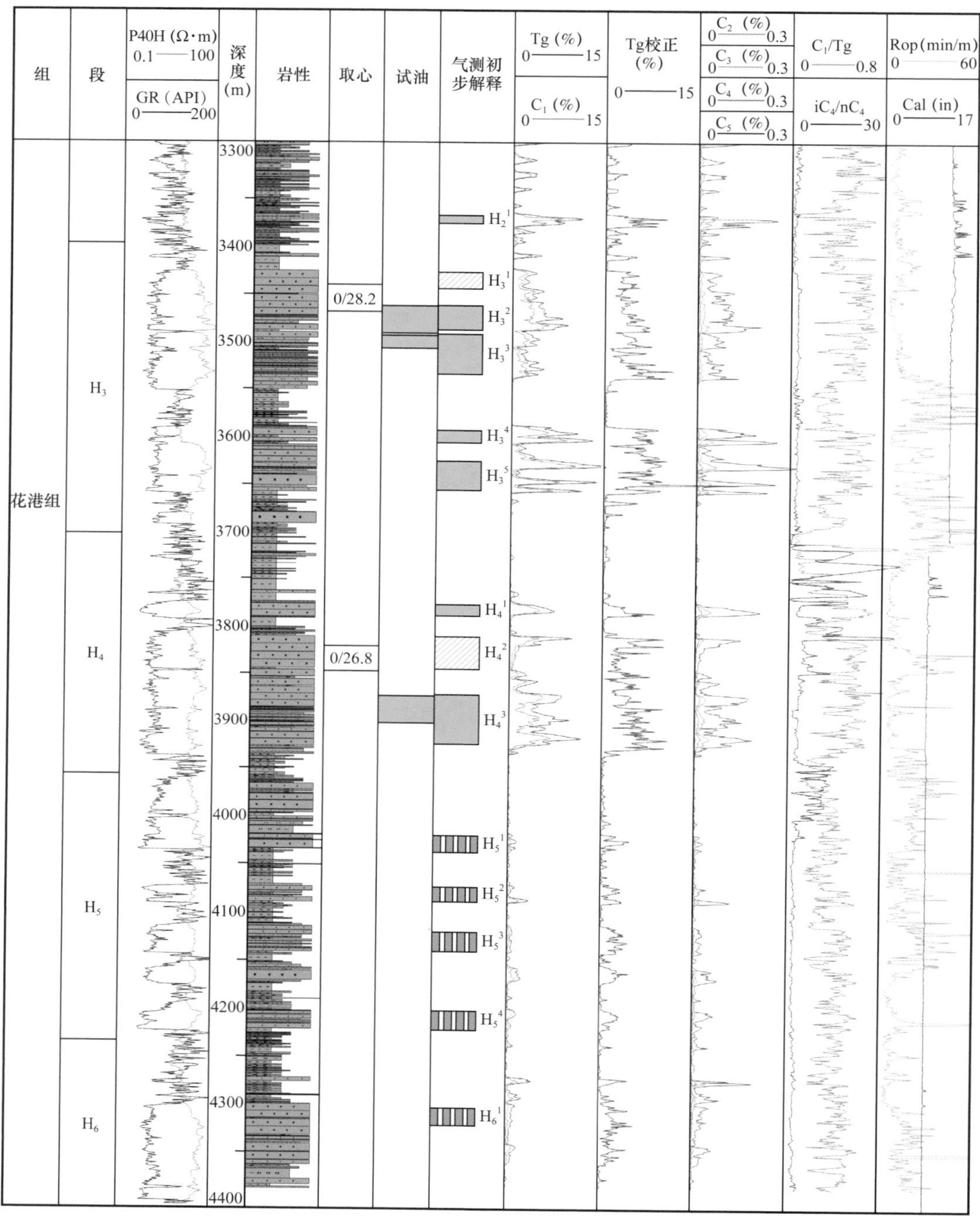

图 5–2　A–1 井气测初步解释结果图

表 5-3　A-1 井初步解释基本情况

层号	顶深（m）	底深（m）	初步解释	P40H（Ω·m）	GR（API）	T_g（%）	T_g 校正（%）	C_1（%）
H_2^1	3366.9	3375.3	气层	8.089	74.804	7.992	5.587	4.543
H_3^1	3426.9	3443.4	差气层	23.972	81.577	2.463	3.656	1.532
H_3^2	3461.6	3487	气层	46.334	68.623	5.866	4.368	3.584
H_3^3	3491.7	3534	气层	40.67	71.295	2.923	4.297	1.599
H_3^4	3592.8	3605.7	气层	7.087	74.092	9.112	6.236	5.346
H_3^5	3624.6	3655.2	气层	42.681	74.747	6.065	6.998	3.525
H_4^1	3776.38	3788.08	气层	24.63	58.322	5.027	3.904	3.232
H_4^2	3810.9	3844.8	差气层	27.308	71.324	2.421	3.619	1.317
H_4^3	3872.1	3924.6	气层	21.535	74.515	6.569	5.461	3.6
H_5^1	4019.96	4037.36	致密层	45.574	65.532	0.876	1.907	0.344
H_5^2	4072.8	4088.1	致密层	27.382	88.792	1.195	2.209	0.601
H_5^3	4119.9	4139.7	致密层	30.672	81.458	0.758	2.852	0.368
H_5^4	4202.1	4221	致密层	37.458	70.063	0.992	1.992	0.51
H_6^1	4303.41	4322.01	致密层	31.81	76.554	1.119	2.835	0.536

5）H_3^4 层（3592.8～3605.7m，层厚 12.9m，H_3 段下部）

浅灰色细砂岩，夹薄层深灰色泥岩。Tg 曲线形态呈箱型，气测异常非常明显。Tg 范围为 0.6%～13.5%，平均为 6.3%；C_1 范围为 0.5%～8.7%，平均为 5.3%。Tg 曲线形态解释为好气层。电阻率为 4.8～8.8Ω·m，平均电阻率为 7.4Ω·m，电性解释为差气层。普通荧光显示为无色，三维荧光录井解释为油气层。初步解释为气层（图 5-4）。

6）H_3^5 层（3624.6～3655.2m，层厚 30.6m，H_3 段底部）

浅灰色细砂岩。Tg 曲线形态为指型，气测异常非常明显。Tg 范围为 0.7%～15.4%，平均为 6.2%；C_1 范围为 0.5%～13.2%，平均为 3.5%。Tg 曲线形态解释为好气层。电阻率为 14～89.8Ω·m，平均电阻率为 43.7Ω·m，电性解释为好气层。普通荧光显示为无色，三维荧光录井解释为油气层。初步解释为好气层（图 5-4）。

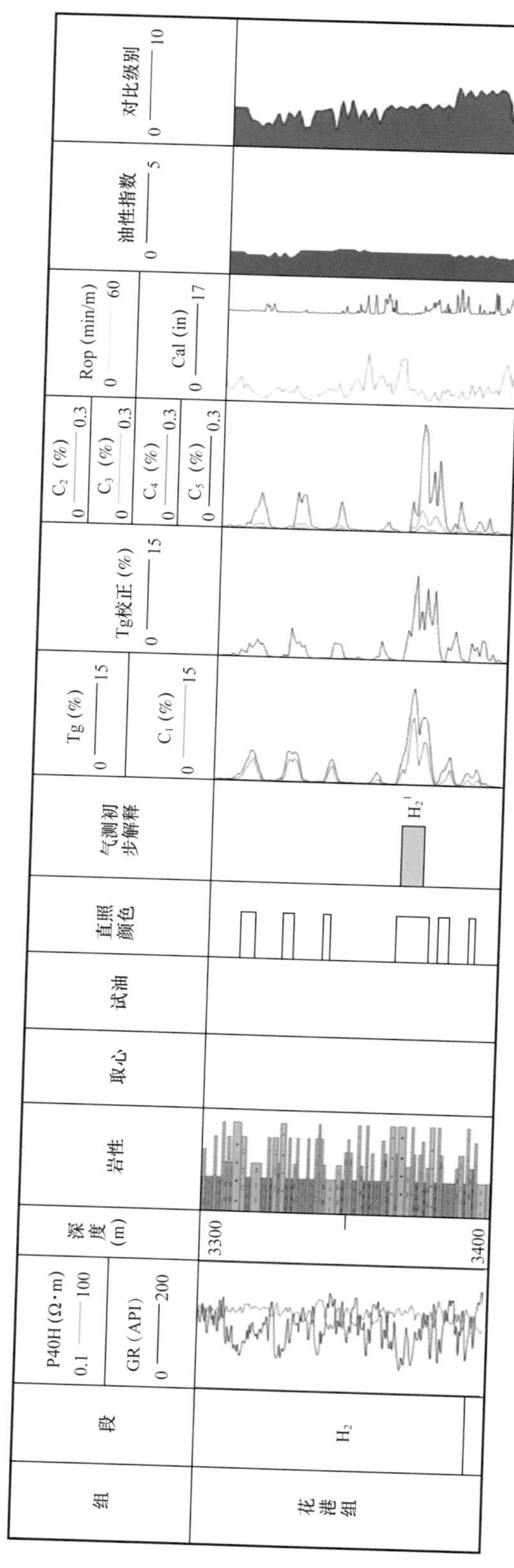

图 5-3 A-1 井 H_2 段气测初步解释

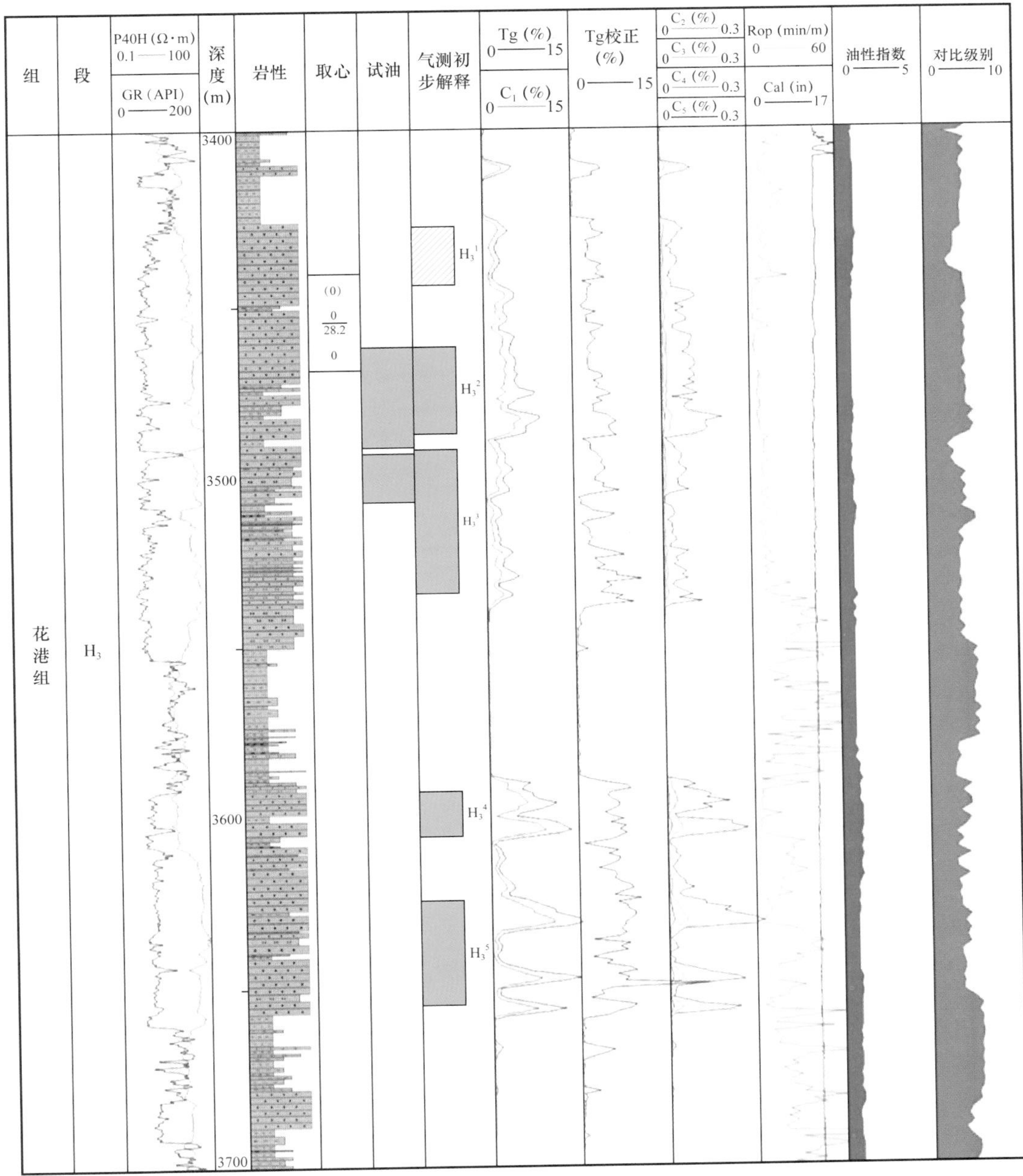

图 5-4　A-1 井 H_3 段气测初步解释

7）H_4^1 层（3776.38～3788.08m，层厚 11.7m，H_4 段上部）

浅灰色细砂岩。Tg 曲线形态为饱满型，气测异常明显。Tg 范围为 0.6%～7.2%，平均为 5.1%；C_1 范围为 0.5%～4.9%，平均为 3.2%。Tg 曲线形态解释为气层。电阻率为 13～41.1Ω·m，平均电阻率为 25.7Ω·m，电性解释为气层。普通荧光显示为无色，三维荧光录井解释为油气层。初步解释为气层（图 5-5）。

8）H_4^2 层（3810.9～3844.8m，层厚 33.9m，H_4 段中部）

浅灰色细砂岩。Tg 曲线形态为倒三角型。Tg 范围为 0.3%～10.7%，平均为 2.3%；C_1 范围为 0.2%～7.5%，平均为 2.4%。Tg 曲线形态解释为差气层。电阻率为 14～61.3Ω·m，平均电阻率为 27.5Ω·m，电性解释为气层。普通荧光显示为无色，三维荧光录井解释为油气层、差气层。初步解释为差气层（图 5–5）。

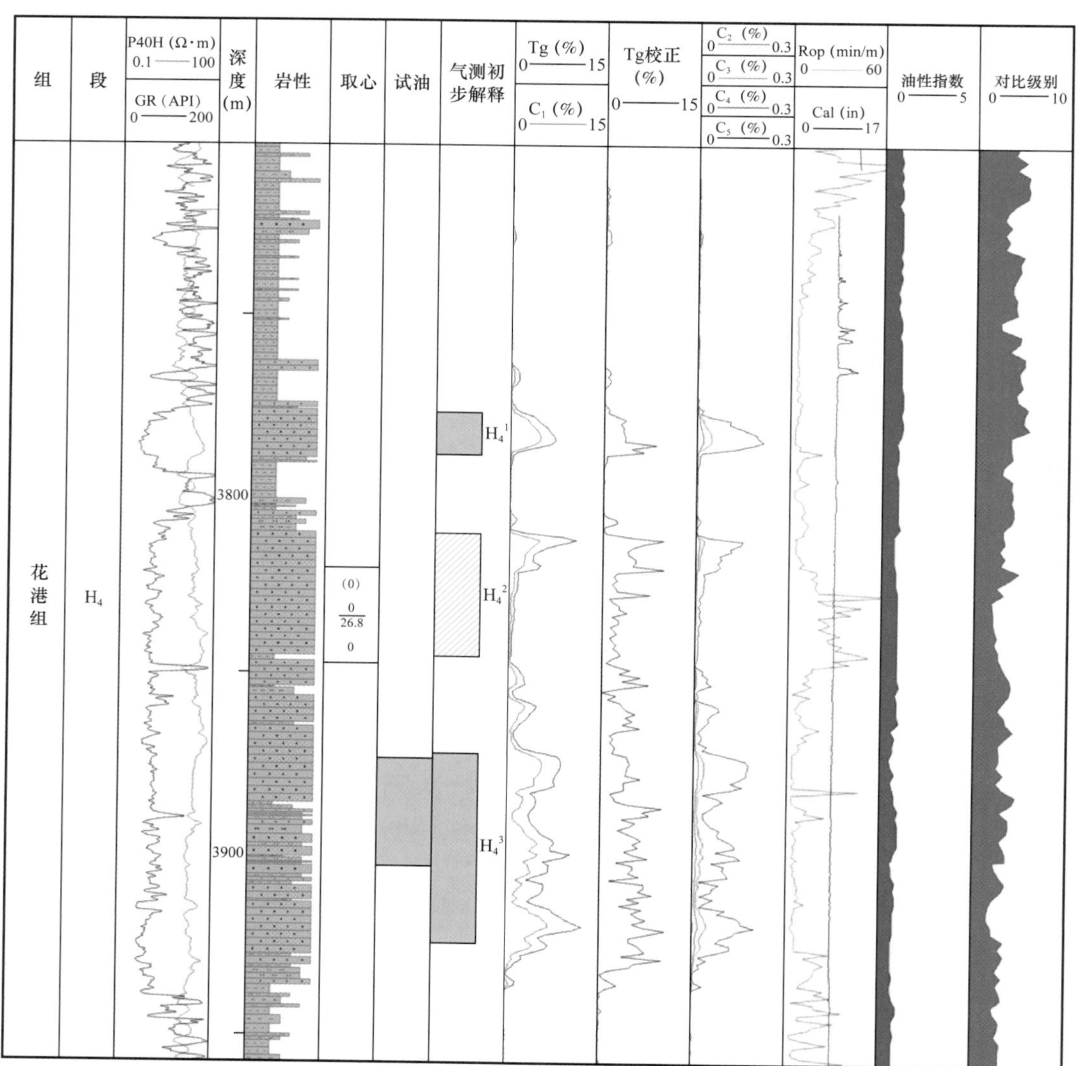

图 5–5　A–1 井 H_4 段气测初步解释

9）H_4^3 层（3872.1～3924.6m，层厚 52.5m，H_4 段下部）

浅灰色细砂岩，夹薄层粉砂质泥岩。Tg 曲线形态为箱型。Tg 范围为 3.4%～12.2%，平均为 6.6%；C_1 范围为 2.5%～8.2%，平均为 3.6%。Tg 曲线形态解释为好气层。电阻率为 13.5～45.1Ω·m，平均电阻率为 21.8Ω·m，电性解释为气层。普通荧光显示为无色，三维荧光录井解释为油气层。初步解释为好气层（图 5–5）。

10）H_5^1 层（4019.96～4037.36m，层厚 17.4m，H_5 段上部）

浅灰色细砂岩，夹薄层煤层。Tg 曲线形态呈指型。Tg 范围为 0.2%～1.6%，平均为 0.9%；C_1 范围为 0.1%～0.9%，平均为 0.3%。Tg 曲线形态解释为致密层。电阻率为 23.1～95.4Ω·m，平均电阻率为 45.9Ω·m，电性解释为气层。未进行荧光直照与滴照，三维荧光录井解释为差气层。初步解释为致密层（图 5–6）。

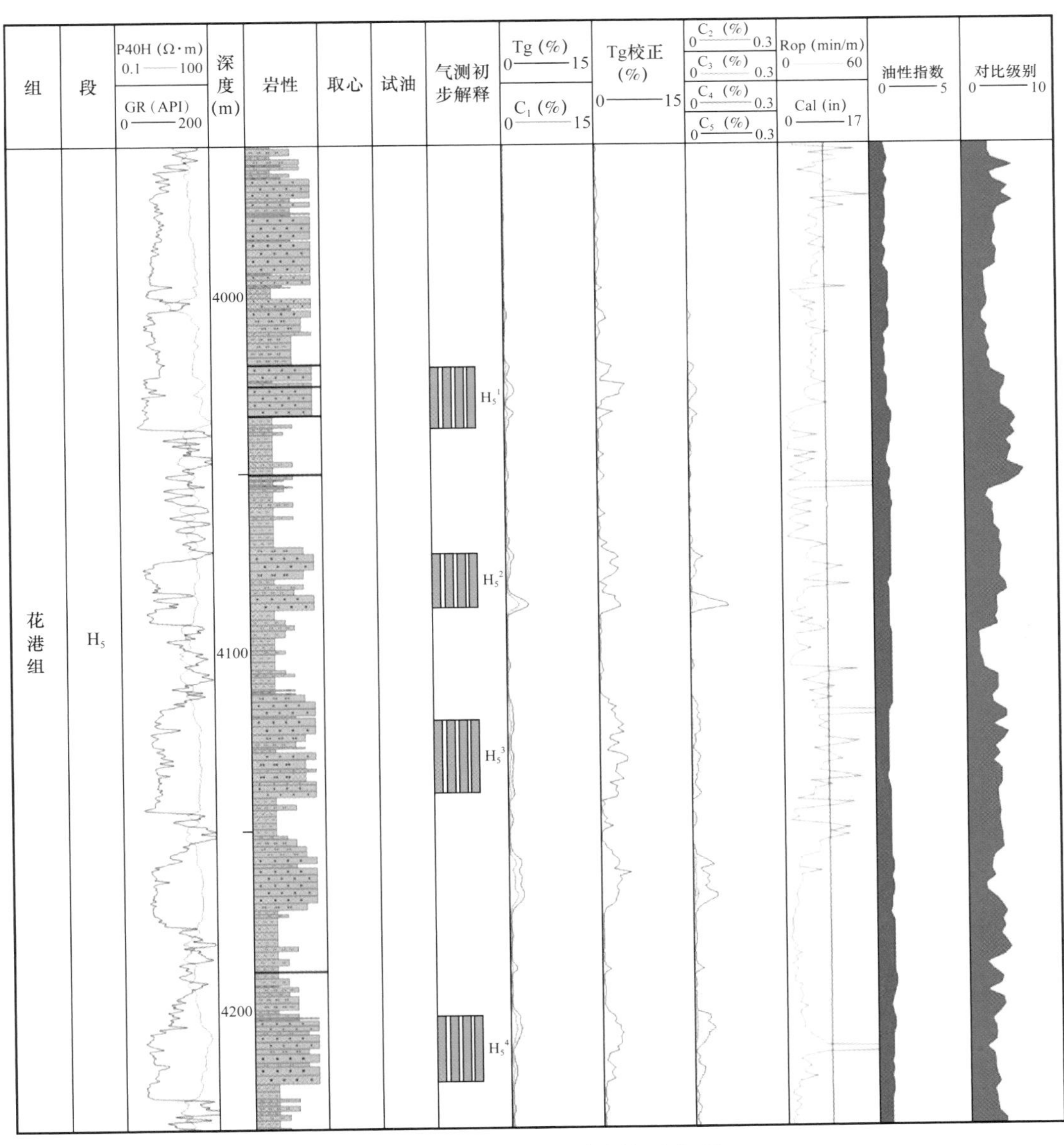

图 5–6　A–1 井 H_5 段气测初步解释

11）H_5^2 层（4072.8～4088.1m，层厚 15.3m，H_5 段中上部）

浅灰色细砂岩，夹薄层粉砂质泥岩、泥质粉砂岩。Tg 曲线形态为指型。Tg 范围为 0.2%～3.6%，平均为 1.3%；C_1 范围为 0.1%～1.9%，平均为 0.6%。Tg 曲线形态解释为致密层。电阻率为 20.2～34.9Ω·m，平均电阻率为 27.4Ω·m，电性解释为气层。荧光直照为无色，三维荧光录井解释为差气层。初步解释为致密层（图 5-6）。

12）H_5^3 层（4119.9～4139.7m，层厚 19.8m，H_5 段中下部）

浅灰色细砂岩，夹薄层粉砂质泥岩、泥质粉砂岩。Tg 曲线形态为箱型。Tg 范围为 0.4%～1.1%，平均为 0.75%；C_1 范围为 0.2%～0.6%，平均为 0.4%。Tg 曲线形态解释为致密层。电阻率为 24.3～34.5Ω·m，平均电阻率为 30.1Ω·m，电性解释为气层。未进行荧光直照与滴照，三维荧光录井解释为差气层。初步解释为致密层（图 5-6）。

13）H_5^4 层（4202.1～4221m，层厚 18.9m，H_5 段底部）

浅灰色细砂岩，夹薄层泥质粉砂岩。Tg 曲线形态为指型。Tg 范围为 0.3%～1.7%，平均为 0.95%；C_1 范围为 0.2%～0.9%，平均为 0.5%。Tg 曲线形态解释为致密层。电阻率为 24.3～60.1Ω·m，平均电阻率为 37.9Ω·m，电性解释为气层。荧光直照为无色，三维荧光录井解释为差气层。初步解释为致密层（图 5-6）。

14）H_6^1 层（4303.41～4322.01m，层厚 18.6m，H_6 段中部）

浅灰色细砂岩。Tg 曲线形态为箱型。Tg 范围为 0.9%～1.4%，平均为 1.1%；C_1 范围为 0.6%～0.9%，平均为 0.8%。Tg 曲线形态解释为致密层。电阻率为 21.1～53.9Ω·m，平均电阻率为 31.8Ω·m，电性解释为气层。荧光直照为无色，三维荧光录井解释为差气层。初步解释为致密层（图 5-7）。

三、目标层多技术交互解释

目标层多技术交互解释使用的核心技术是气测异常倍率流体识别技术、气测组分流体识别技术、测—录井联合流体识别技术，三种核心技术相辅相成、互相印证，能得出可靠的解释结论。

1. 特征值选取

特征值选取是进行下一步解释的基础，本书使用的特征值选取方法，主要考虑了气测异常的显示级别，将不同显示级别用不同的数值表示，有利于进行下一步解释与处理。

2. 特征值计算与处理

特征值计算与处理主要包含异常倍率计算、气测甲烷占比、气测重烃占比、Tg 归一、Tg 权重、P40H 归一、P40H 权重、C_1/C_{2+} 归一、C_1/C_{2+} 权重。特征值求取多数情况下取半幅点内的平均值：$Tg_{标准}$取 8%；$P40H_{标准}$取 40Ω·m；$C_1/C_{2+标准}$取 50（表 5-4、表 5-5）。

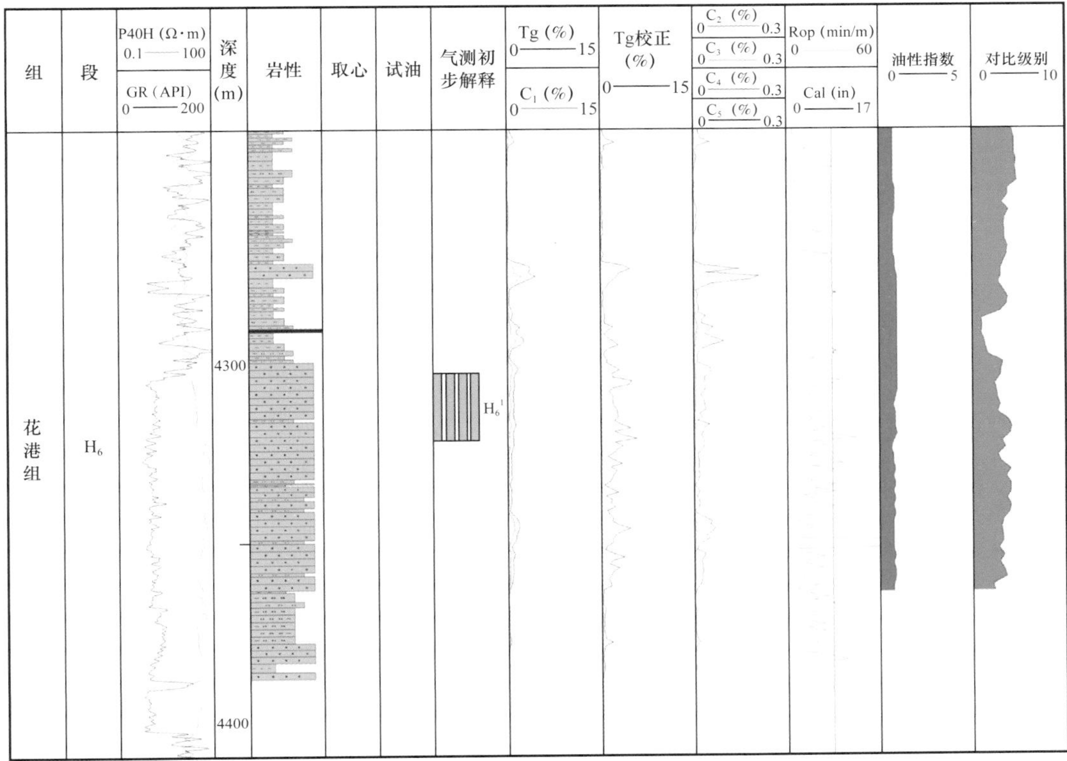

图 5-7 A-1 井 H_6 段气测初步解释

表 5-4 目标层异常倍率及气测组分数据计算结果

层号	顶深(m)	底深(m)	P40H(Ω·m)	GR(API)	Tg(%)	$Tg_{基准}$(%)	Tg 异常倍率	甲烷占比	重烃占比
H_2^1	3367	3375	8.1	74.8	8.0	0.195	40.98	0.568	0.022
H_3^1	3427	3443	24.0	81.6	2.5	0.170	14.49	0.622	0.024
H_3^2	3462	3487	46.3	68.6	5.9	0.170	34.51	0.611	0.024
H_3^3	3492	3534	40.7	71.3	2.9	0.170	17.19	0.547	0.022
H_3^4	3593	3606	7.1	74.1	9.1	0.176	51.77	0.587	0.021
H_3^5	3625	3655	42.7	74.7	6.1	0.176	34.46	0.581	0.022
H_4^1	3776	3788	24.6	58.3	5.0	0.230	21.86	0.643	0.034
H_4^2	3811	3845	27.3	71.3	2.4	0.127	19.06	0.544	0.021
H_4^3	3872	3925	21.5	74.5	6.6	0.127	51.72	0.548	0.021
H_5^1	4020	4037	45.6	65.5	0.9	0.203	4.32	0.393	0.027
H_5^2	4073	4088	27.4	88.8	1.2	0.187	6.39	0.503	0.038
H_5^3	4120	4140	30.7	81.5	0.8	0.159	4.77	0.485	0.041
H_5^4	4202	4221	37.5	70.1	1.0	0.302	3.28	0.514	0.047
H_6^1	4303	4322	31.8	76.6	1.1	0.433	2.58	0.479	0.041

表 5-5　目标层三端元权重值计算结果

层号	顶深（m）	底深（m）	P40H（Ω·m）	GR（API）	Tg（%）	$Tg_{校正}$（%）	C_1/C_{2+}归一	Tg归一	P40H归一	C_1/C_{2+}权重	Tg权重	P40H权重
H_2^1	3367	3375	8.1	74.8	8.0	5.6	0.52	0.70	0.20	0.37	0.49	0.14
H_3^1	3427	3443	24.0	81.6	2.5	3.7	0.51	0.46	0.60	0.33	0.29	0.38
H_3^2	3462	3487	46.3	68.6	5.9	4.4	0.51	0.55	1.16	0.23	0.25	0.52
H_3^3	3492	3534	40.7	71.3	2.9	4.3	0.50	0.54	1.02	0.24	0.26	0.50
H_3^4	3593	3606	7.1	74.1	9.1	6.2	0.56	0.78	0.18	0.37	0.51	0.12
H_3^5	3625	3655	42.7	74.7	6.1	7.0	0.53	0.87	1.07	0.21	0.35	0.43
H_4^1	3776	3788	24.6	58.3	5.0	3.9	0.38	0.49	0.62	0.26	0.33	0.41
H_4^2	3811	3845	27.3	71.3	2.4	3.6	0.51	0.45	0.68	0.31	0.28	0.42
H_4^3	3872	3925	21.5	74.5	6.6	5.5	0.52	0.68	0.54	0.30	0.39	0.31
H_5^1	4020	4037	45.6	65.5	0.9	1.9	0.29	0.24	1.14	0.17	0.14	0.68
H_5^2	4073	4088	27.4	88.8	1.2	2.2	0.26	0.28	0.68	0.21	0.23	0.56
H_5^3	4120	4140	30.7	81.5	0.8	2.9	0.24	0.36	0.77	0.17	0.26	0.56
H_5^4	4202	4221	37.5	70.1	1.0	2.0	0.22	0.25	0.94	0.15	0.18	0.67
H_6^1	4303	4322	31.8	76.6	1.1	2.8	0.23	0.35	0.80	0.17	0.26	0.58

3. 气测异常倍率法解释

气测异常倍率法解释主要依靠气测异常倍率图版进行解释，气测异常倍率图版为横坐标气测异常倍率（$Tg_{特征值}/Tg_{基准值}$）与纵坐标气测基值（$Tg_{基值}$）的交会图，可以解释烃类层、致密层、气水层、水层等流体性质。

图 5-8 为 A-1 井的 H_2、H_3 段解释结果，气测异常倍率法解释认为：H_2 段的 H_2^1 目的层为气层；H_3^1 层位于气层与致密层的交界处，解释为差气层；H_3^2、H_3^3、H_3^4、H_3^5 层共 4 层均为气层。

图 5-9 为 A-1 井的 H_4、H_5、H_6 段解释结果，气测异常倍率法解释认为：H_4^2 层处于气层与致密层之间，为差气层；H_4^1、H_4^3 层共 2 层为气层；H_5^1、H_5^2、H_5^3、H_5^4、H_6^1 层共 5 层为致密层。

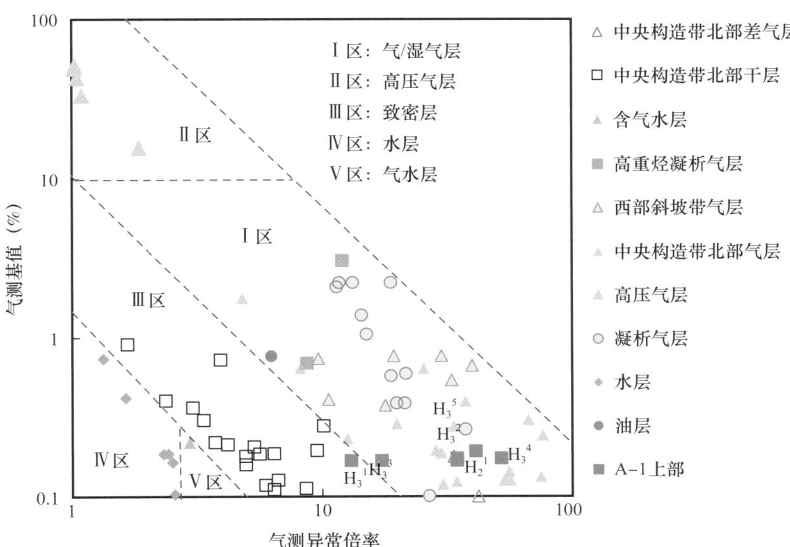

图 5-8　A-1 井 H_2、H_3 段气测异常倍率法解释结果

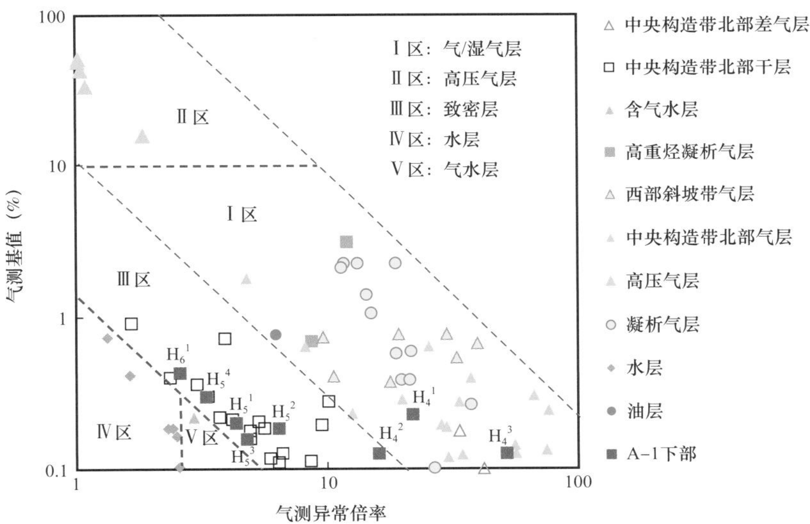

图 5-9　A-1 井 H_4、H_5、H_6 段气测异常倍率法解释结果

4. 气测组分法解释

气测组分法主要依靠气测组分识别图版进行解释，气测组分识别图版的横坐标为气测甲烷占比（C_1/Tg），纵坐标为气测重烃占比（C_{2+}/Tg），该图版需配合气测异常倍率图版使用，将气测异常倍率法不能很好解释的气层、湿气层、凝析气层等有效地划分出来。

图 5-10 为 H_2、H_3 段共 6 个目标层的气测组分解释结果，气测组分解释均为干气层。

图 5-11 为 H_4、H_5、H_6 段气测组分解释结果，气测组分解释认为 H_4、H_5、H_6 段共 8 个目标层均为干气层。

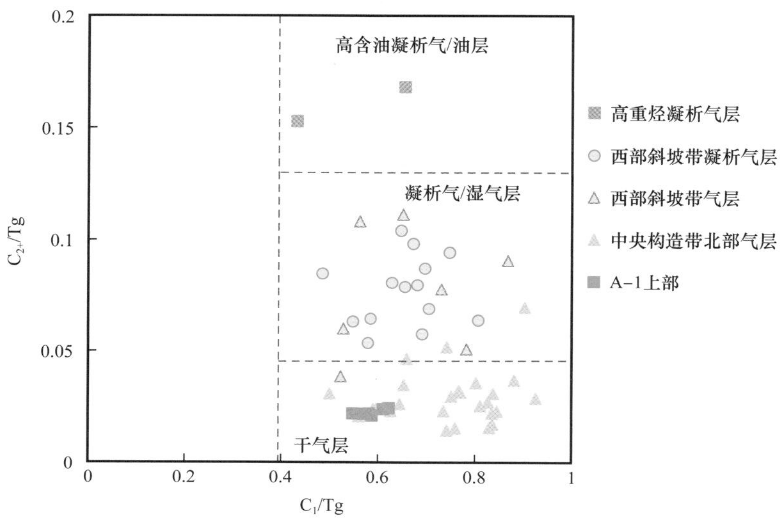

图 5-10　A-1 井 H_2、H_3 段气测组分法解释结果

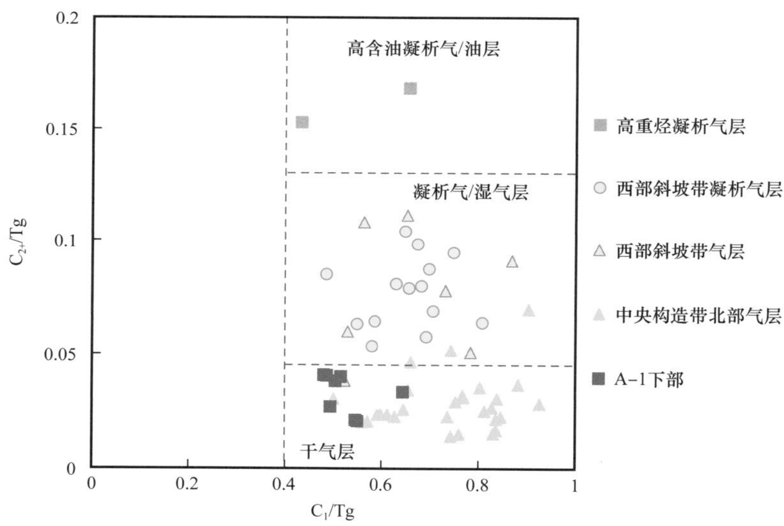

图 5-11　A-1 井 H_4、H_5、H_6 段气测组分法解释结果

5. 随钻测—录井联合识别方法解释

测—录井联合识别方法主要依靠权重三角图版进行解释，权重三角图版三端元为 Tg、P40H、C_1/C_{2+}，经过标准值归一化、等权重分配以后将数据点投到解释图版中，而后进行解释。该图版主要用于解释气层、凝析气层、低阻气层、致密层、水层等，能有效地使用气测录井数据、随钻测井数据，提高解释准确率。

图 5-12 为 A-1 井 H_2、H_3 段测—录井联合识别解释结果，其中 H_2^1 层位于气层与低阻气层的交界处，解释为较低阻气层；H_3^4 层为低阻气层；H_3^1 层位于气层与致密层交界处，解释为差气层；H_3^2、H_3^3、H_3^5 层共 3 层为气层。

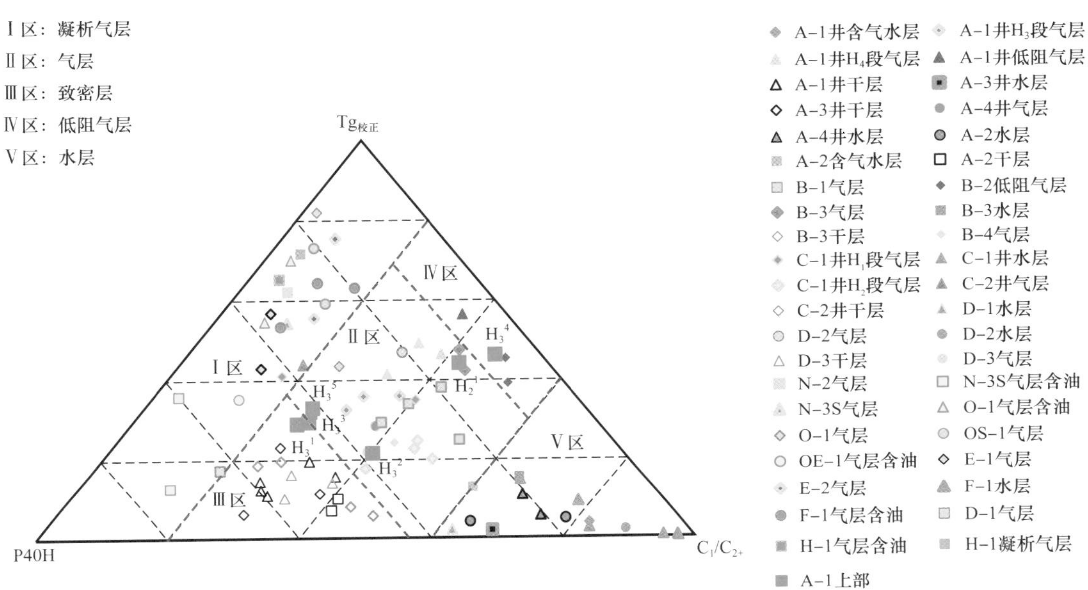

图 5-12　A-1 井 H_2、H_3 段测—录井联合识别方法解释结果

图 5-13 为 H_4、H_5、H_6 段测—录井联合识别解释结果，其中 H_4^1、H_4^2、H_4^3 层共 3 层为气层，H_5^1、H_5^2、H_5^3、H_5^4、H_6^1 共 5 层为致密层。

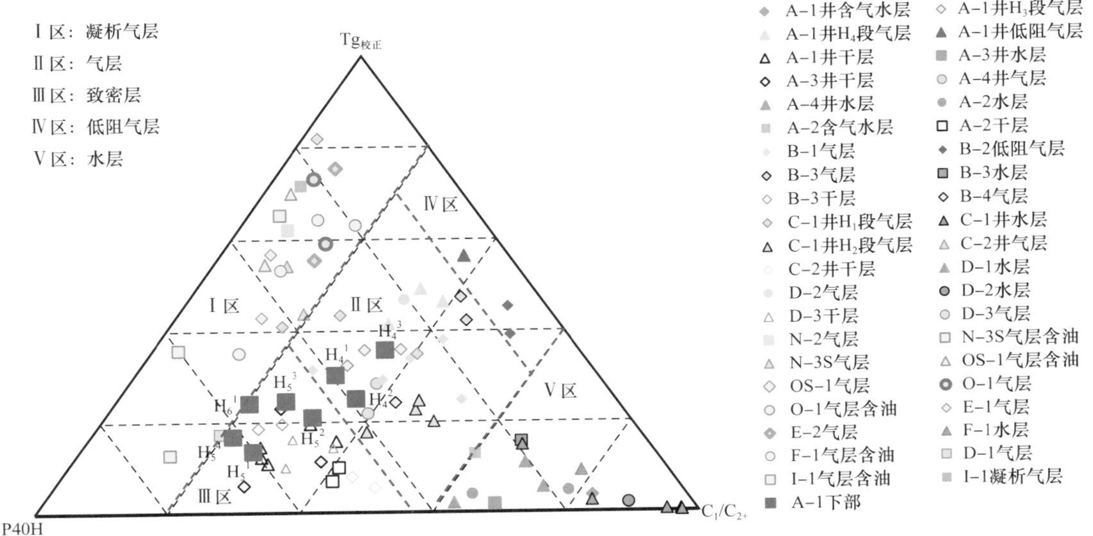

图 5-13　A-1 井 H_4、H_5、H_6 段测—录井联合识别方法解释结果

四、结果整理及输出

整理各种参数的解释结果，并且综合各类参数给出最合理的解释结论，同时根据储层特征给出试油建议。

表 5-6 为 A-1 井综合解释结果表，综合解释结论为 2 层差气层、7 层气层、5 层致密层。其中 H_3^2、H_3^5、H_4^3 层岩性为细砂岩、层厚较大、电阻率较高，是建议试油的 3 个目标层。

表 5-6　A-1 井综合解释结果表

层号	顶深（m）	底深（m）	岩性	Tg 形态解释	电性解释	荧光解释	异常倍率解释	气测组分解释	测—录井联合解释	综合解释
H_2^1	3367	3375	泥质粉砂岩	好气层	差气层	油气层	气层	干气层	低阻气层	气层
H_3^1	3427	3443	细砂岩	差气层	气层	油气层	差气层	干气层	差气层	差气层
H_3^2	3462	3487	细砂岩	好气层	好气层	油气层	气层	干气层	气层	气层
H_3^3	3492	3534	细砂岩	气层	好气层	油气层	气层	干气层	气层	气层
H_3^4	3593	3606	细砂岩	好气层	差气层	油气层	气层	干气层	低阻气层	气层
H_3^5	3625	3655	细砂岩	好气层	好气层	油气层	气层	干气层	气层	气层
H_4^1	3776	3788	细砂岩	气层	气层	油气层	气层	干气层	气层	气层
H_4^2	3811	3845	细砂岩	差气层	气层	油气层	差气层	干气层	气层	差气层
H_4^3	3872	3925	细砂岩	好气层	气层	油气层	气层	干气层	气层	气层
H_5^1	4020	4037	细砂岩	致密层	气层	差气层	致密层	干气层	致密层	致密层
H_5^2	4073	4088	细砂岩	致密层	气层	差气层	致密层	干气层	致密层	致密层
H_5^3	4120	4140	细砂岩	致密层	气层	差气层	致密层	干气层	致密层	致密层
H_5^4	4202	4221	细砂岩	致密层	气层	差气层	致密层	干气层	致密层	致密层
H_6^1	4303	4322	细砂岩	致密层	气层	差气层	致密层	干气层	致密层	致密层

图 5-14 为 A-1 井综合解释结果图，总计解释了 14 层 /324m，其中 H_2 段有 1 层、H_3 段有 5 层、H_4 段有 3 层、H_5 段有 4 层、H_6 段有 1 层，共解释了气层 7 层 /184m、差气层 2 层 /50m、致密层 5 层 /90m。H_3、H_4 段为主要目的层。

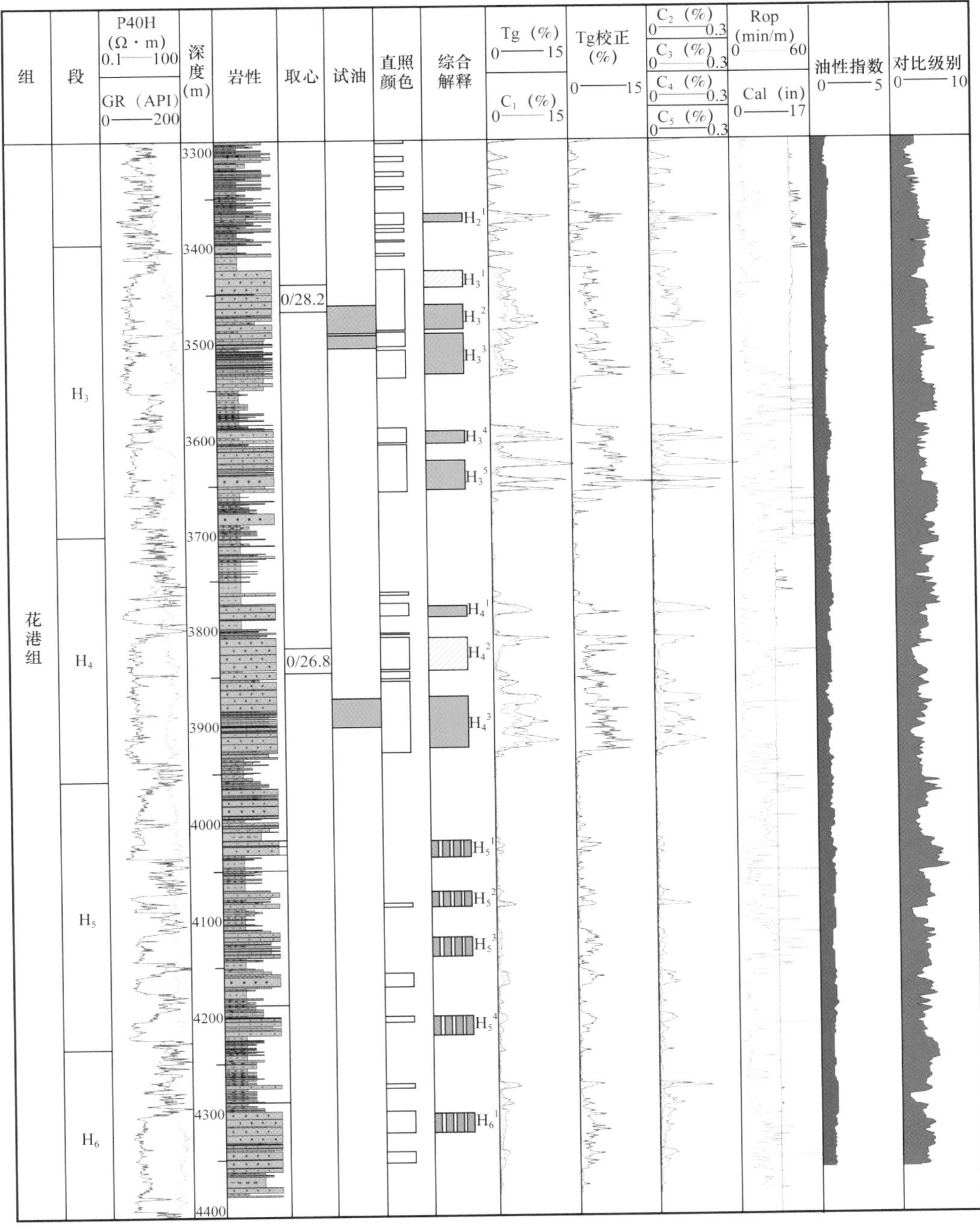

图 5-14　A-1 井综合解释成果

五、随钻测—录井联合快速识别技术的总体解释符合率

研究区总共进行 24 口井 86 个解释层的气测录井解释（表 5–7），其中钻杆地层测试（DST）共 21 层，一体化地层测试（MDT）共 65 层，测试结果主要包含气层、凝析气层、气层含油、干层。气测解释后符合的层共有 80 层，其中气层有 1 层符合、干层有 3 层符合、凝析气层全符合、气层含油全符合、水层有 2 层不符合，总计有 6 层不符合。按照解释与测试结果对比，解释符合率大于 85%。

表 5–7　气测录井解释符合率

地层性质	测试结果	解释符合层	偏差层
低阻气层	3	3	0
干层	21	18	3
气水层	1	1	0
凝析气层	2	2	0
气层	34	33	1
气层含油	9	9	0
水层	16	14	2
合计	86	80	6
符合率：			＞85%

第二节　低渗透储层油气含量录井快速定量评价技术的应用

气测录井解释主要是定性解释，近年来有不同学者均提到用钻井液稀释倍数进行地层含气量估算，但其缺少实验支撑，本书的气测录井定量评价主要依靠钻井液脱气实验、气相色谱实验，明确钻井液含气量，并定量研究钻井液含气量与气测总烃检测值的关系，进而推算出地层含气量。

将所得的地层含气量计算公式应用到周围钻井的解释中，可以计算出不同井的地层含气量，根据基础的地层含气量解释图版分析储层的产能类别，能快速进行产能方面的评价。本章主要包含：（1）气测录井地层含气量定量评价技术；（2）气测录井半定量产能评价；（3）产能计算与测试结果对比。

一、气测录井地层含气量定量评价技术

气测录井地层含气量定量评价技术主要依靠钻井液脱气实验得出钻井液的实际含气量，结合气测总烃检测值，拟合可信的预测关系式，然后根据钻井参数将钻井液含气量转化为地层含气量。

二、产能评价半定量解释

产能半定量评价主要用于解释高产气层、中产气层、低产气层等，一般做法是利用经过测试校准的层建立数据库，同时计算出各层的地层含气量，分析数据库中各层数据，得出产能半定量评价参数及图版，随后进行无测试层的产能评价。

本书使用的测试数据主要包含钻杆地层测试（DST）、一体化地层测试（MDT）数据，其中 DST 可信度更高。本书数据库总共包含中央构造带北部 5 口井 16 层测试数据，其中 DST 4 层；中央构造带南部 5 口井 13 层测试数据，DST 9 层；西部斜坡带 4 口井 12 层，DST 8 层。将测试层划分为高产气层（日产气 $5\times10^4m^3$ 以上）、中产气层（日产气 1×10^4～$5\times10^4m^3$）、低产气层（日产气 $1\times10^4m^3$ 以下），同时与计算的地层含气量对比分析，即可得出产能半定量识别图版。

表 5–8 为根据前述技术进行含气量估算的中央构造带北部部分井地层含气量计算结果，可以看出气层的地层含气量基本大于 $3m^3/m^3$，气水层的地层含气量基本为 1～$3m^3/m^3$，水层的地层含气量基本小于 $1m^3/m^3$，致密层 / 干层的地层含气量为 3～$5m^3/m^3$。致密层地层含气量反映其也是一类特殊的气层，在技术合适的情况下，可以是有产能的气层。

将计算出的各层地层含气量与测试结果对比，分析不同层的产能情况，可以参考使用。

表 5–9 为重点井测试结论与地层含气量计算结果的对比，高产气层 / 高产凝析气层的地层含气量基本大于 $4.5m^3/m^3$，但也有部分低产气层的地层含气量很高，具体使用过程中应综合考虑。

对测试结论分类并与地层含气量对比，可以用交会图进行直观识别，将 Tg 作为横坐标，计算的地层含气量作为纵坐标，不同类型的流体性质用不同颜色区分，即可完成基础图版的建立。

图 5–15 为地层含气量产能预测半定量识别图版，高产气层 / 高产凝析气层的地层含气量基本大于 4.5 m^3/m^3；含气致密层的地层含气量一般为 2～4.5 m^3/m^3，OS–1 井低产气层为异常值，气水层的地层含气量一般为 0.5～$2m^3/m^3$，水层的地层含气量一般小于 $0.5m^3/m^3$。

图 5–16 为 IS–1 井地层含气量估算结果与测试结论对比，P_8 段 4150～4170m 为解释

层，其地层含气量平均为 7.5m^3/m^3，解释为高产气层；该段同时也是测试层，测试层日产 $19\times10^4m^3$ 天然气，为高产气层，计算结果与测试结果相符。

表 5-8 中央构造带北部部分井地层含气量计算结果

井号	顶深（m）	底深（m）	综合解释	Tg（%）	计算的地层含气量（m^3/m^3）
A-1	3425	3540	气层	3.628	5.32
A-1	3806	3927	气层	4.246	7.37
A-1	3589	3657	气层	5.78	8.0675
A-4	3462	3552.4	气层	4.732	7.2925
A-4	3552.4	3617.6	水层	0.656	0.2225
A-4	3950	3973.2	水层	0.903	0.3125
B-1	3843.2	3861.6	气层	1.576	3.4775
B-1	3739.9	3803.4	气层	2.148	5.545
B-1	3681	3737	气层	4.433	9.97
B-1	4164.8	4174.8	气水层	1.417	0.8425
B-1	4070.4	4108.4	气水层	1.242	1.4475
B-1	4512	4524.8	水层	0.654	0.3825
C-4	4289.3	4303.4	致密层	2.477	3
C-4	4450.8	4487.6	致密层	2.965	3.75
C-4	4327.3	4339.1	水层	0.477	0.0575
C-5	4317.2	4366	气层	0.878	1.87
C-5	4492.8	4537.6	气层	2.211	4.21
C-5	4582.4	4675.65	气层	4.608	4.27
C-5	4366	4454.8	气水层	0.224	0.0875

表 5-9 重点井地层含气量与测试结果对比

井号	顶深 （m）	底深 （m）	测试结论	Tg （%）	计算的地层含气量 （m^3/m^3）
A-1	3425	3540	高产气层	3.628	5.32
A-1	3806	3927	高产气层	4.246	7.37
B-1	3739.9	3803.4	高产气层	2.148	5.545
B-1	3681	3737	高产气层	4.433	9.97
OS-1	3350	3366.8	高产凝析气层	8.415	5.335
O-1	3651.77	3664.18	低产气层	12.033	14.755
O-1	4214.8	4226.3	低产气层	13.542	16.865
OW-1	3415.6	3435.6	高产凝析气层	5.256	7.8175
FW-1	4150.8	4168	高产气层	5.22	6.8525
FW-2	4100.4	4121.6	高产气层	17.083	32.33
FW-2	4142.8	4152.4	高产气层	28.817	63.9125
F-1	4106.4	4112	高产凝析气层	6.324	6.8525
F-1	4116.4	4141.6	高产凝析气层	8.0132	7.465
F-1	4184	4202.4	高产凝析气层	10.658	18.2125
I-1	4357.62	4394.42	高产凝析气层	16.113	17.885
I-1	4579.2	4624.4	高产凝析气层	8.098	7.3875

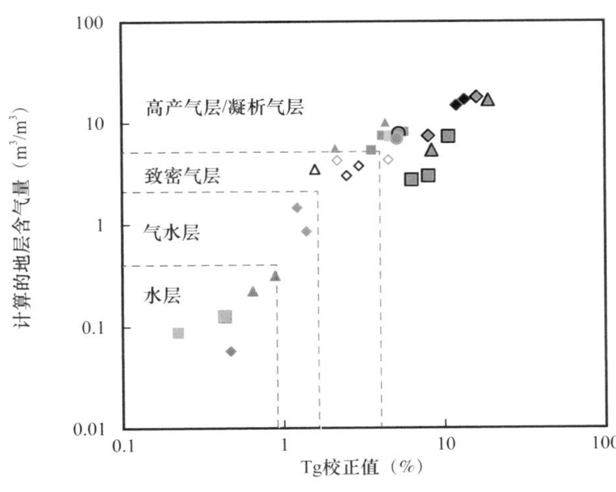

图 5-15 产能预测半定量识别图版

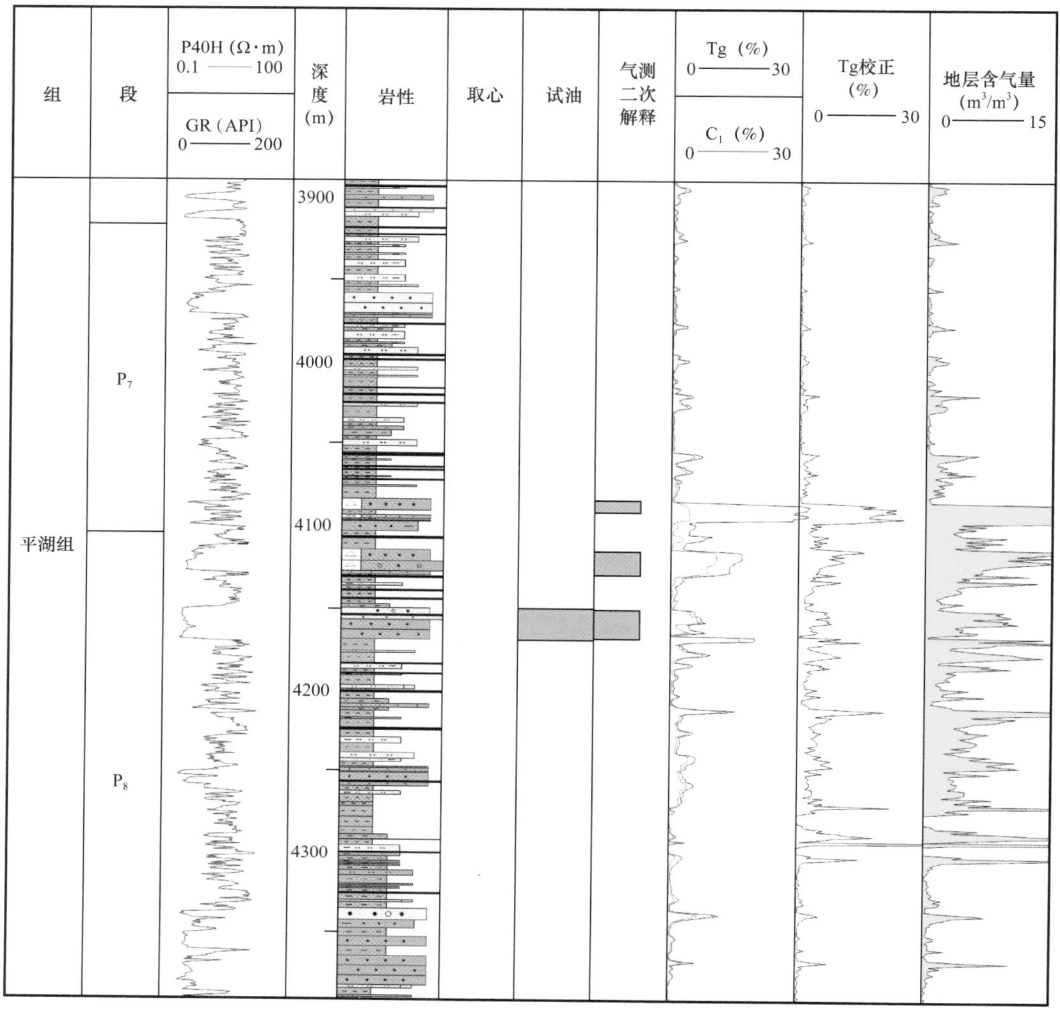

图 5-16 IS-1 井地层含气量估算结果与测试结论对比

三、产能计算与测试结果对比

产能计算主要依靠比采气指数与计算的地层含气量的拟合关系，进行不同地区的产能定量预测，由于产能受工程条件、地质条件等影响较大，该方法计算的产能有一定的参考价值。

第三节 基于储层特征的油气检测评价技术应用效果

本节主要包含两部分：第一部分是油气层颗粒定量荧光分析技术；第二部分是根据储层数学表征及分类划分的不同储层含油气性定量评价。颗粒定量荧光技术主要介绍实验技术、参数确定方法、研究区解释实例；基于储层分类的油气定量评价技术主要介绍储层孔隙结构数学表征、储层分类标准、不同类型储层岩电关系、解释实例等。

一、颗粒定量荧光技术解释油气层性质和聚集史

颗粒定量荧光技术主要包括颗粒定量荧光选样、样品前处理、仪器参数调整等，得出原始实验数据以后需进行数据处理，而后建立数据库及图版，并提出相应的解释参数。

根据中央构造带北部颗粒定量荧光技术进行油气层性质解释的参数图版可以判断气水层以外，还可以分析天然气聚集历史。

A–1 井 H_4 段 3820.3～3847.1m 井段，厚 26.8m，共 15 块岩心样品进行颗粒定量荧光实验。上部 3820～3827m，QGF Index 大于 0.9，QGF–E 小于 4，根据识别标准，为古气层 / 差气层，而且其在储层顶部，随钻电阻率偏低，故而解释为致密层（图 5–17）。下部 3827～3847m，QGF Index 大于 0.9，QGF–E 大于 4，根据识别标准，应为气层，随钻电阻率较高，综合解释为气层。

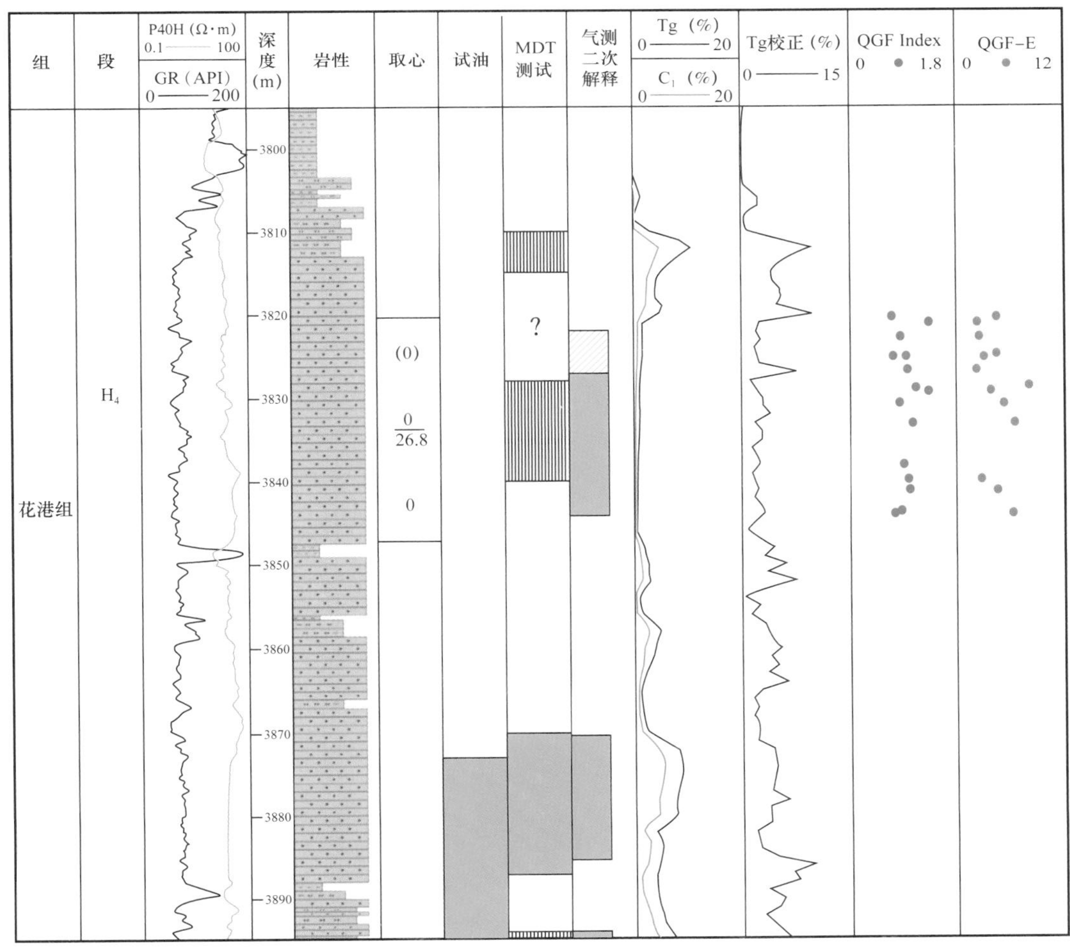

图 5–17　A–1 井 H_4 段颗粒定量荧光参数特征与解释结果

C-1 井 H_3 段 3125.83～3144.66m 井段，厚 18.83m，共 21 块岩心样品进行颗粒定量荧光实验。顶部出现 QGF-E 很高的数据点，QGF Index 约为 0.9，为气层；3127m 以深，QGF Index 大于 0.9，但 QGF-E 小于 4，解释为古气层，但现在是水层，MDT 证实为水层，结合构造背景，反映该层曾经有天然气聚集（古气层），由于晚期断裂活动导致储层中的天然气部分散失，晚期变为水层，因而 QGF Index 高，而 QGF-E 低（图 5-18）。

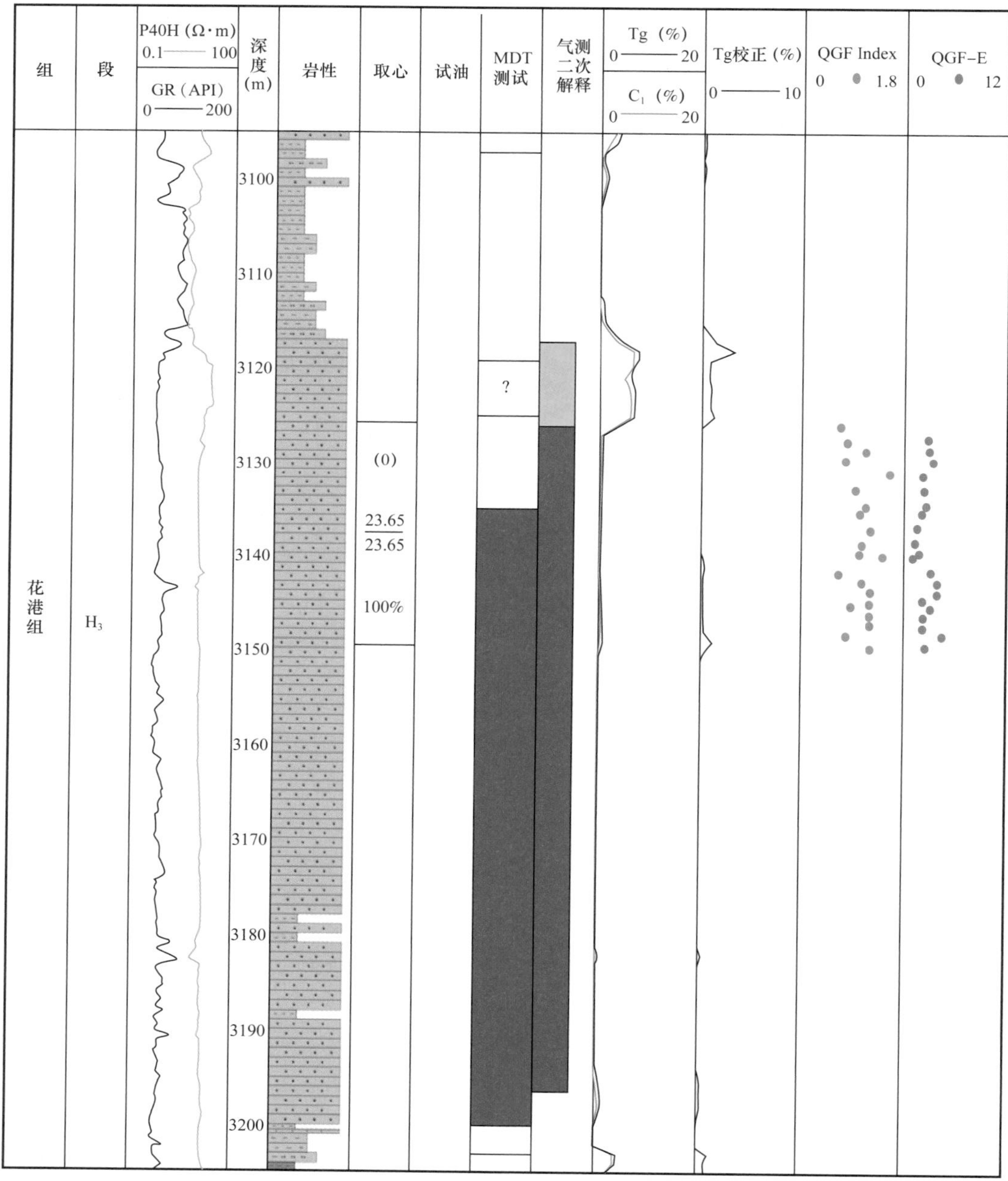

图 5-18　C-1 井 H_3 段颗粒定量荧光参数特征与解释结果

C-1 井 H_6 段 3969～3990m，厚 21m，共 13 块岩心样品进行颗粒定量荧光实验。顶部 3969～3987m，QGF Index 大于 0.9，QGF-E 大于 4，为气层；3987～3990m，QGF Index 大于 0.9，QGF-E 小于 4，反映为水层或致密层特征（图 5-19），但该段夹有泥岩薄层，气测总烃值低，解释为致密层更合理。

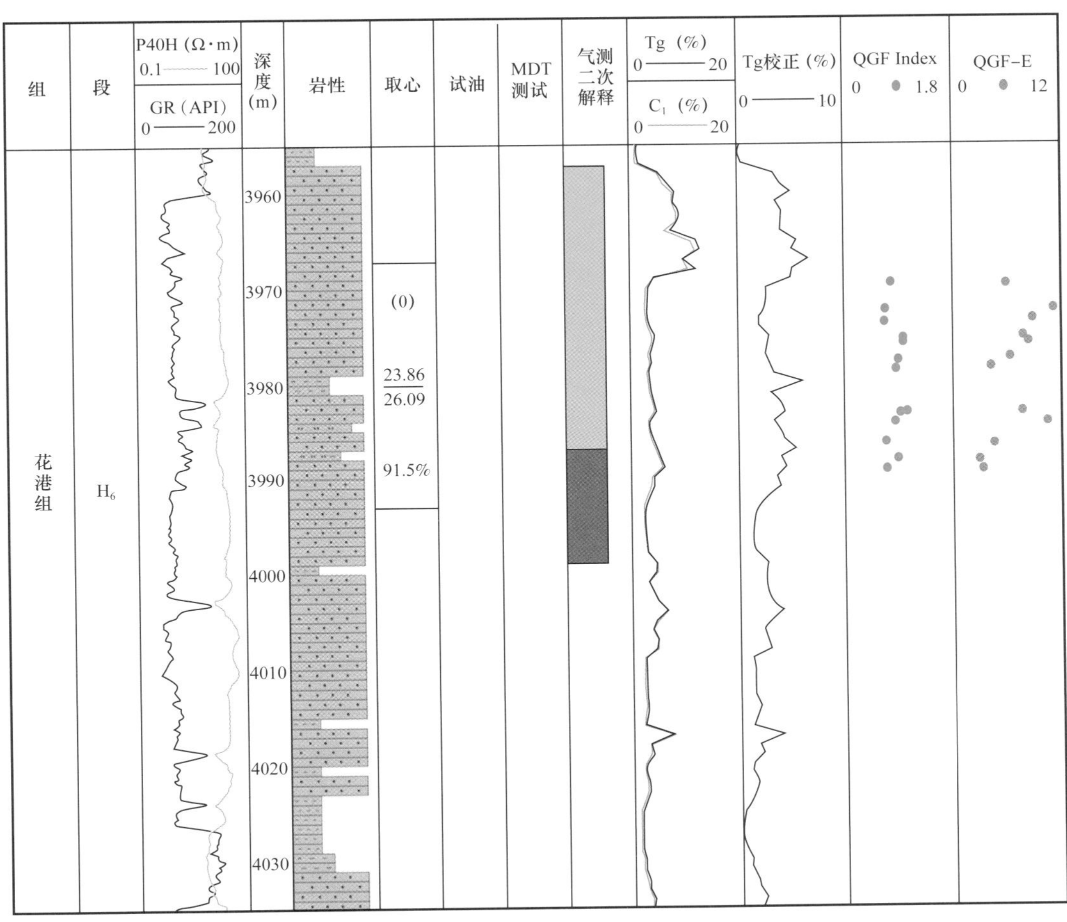

图 5-19 C-1 井 H_6 段颗粒定量荧光参数特征与解释结果

二、基于孔隙结构分类的储层含气饱和度定量评价效果

1. 含气饱和度定量评价效果

基于孔隙结构分类的储层含气饱和度计算方法是利用孔隙结构分类，求取不同的阿尔奇公式参数，由此获得含气饱和度。为验证该方法的准确性，将密闭取心数据、常规阿尔奇公式和基于孔隙结构分类的含气性计算结果进行对比。密闭取心是指取得的岩心基本不受钻井液的污染，通过专用密闭取心工具来实现的钻井取心工艺。密闭取心能够确保

岩心不受钻井液的污染，真实再现地层原始孔隙度、油气水饱和度等资料。对比 A-2 井 4317.67～4325.07m 和 A-4 井 3506.56～3514.61m、3910.38～3918.57m 三段密闭取心数据，发现常规方法含水饱和度计算误差达到 16.56%（图 5-20a），在部分层段出现计算的含水饱和度明显偏大的情况，而基于孔隙结构分类的方法计算误差缩小到 8.35%（图 5-20b）。因此，相较于常规岩电参数计算，基于孔隙结构分类的储层含气饱和度计算方法误差更小，准确度更高。

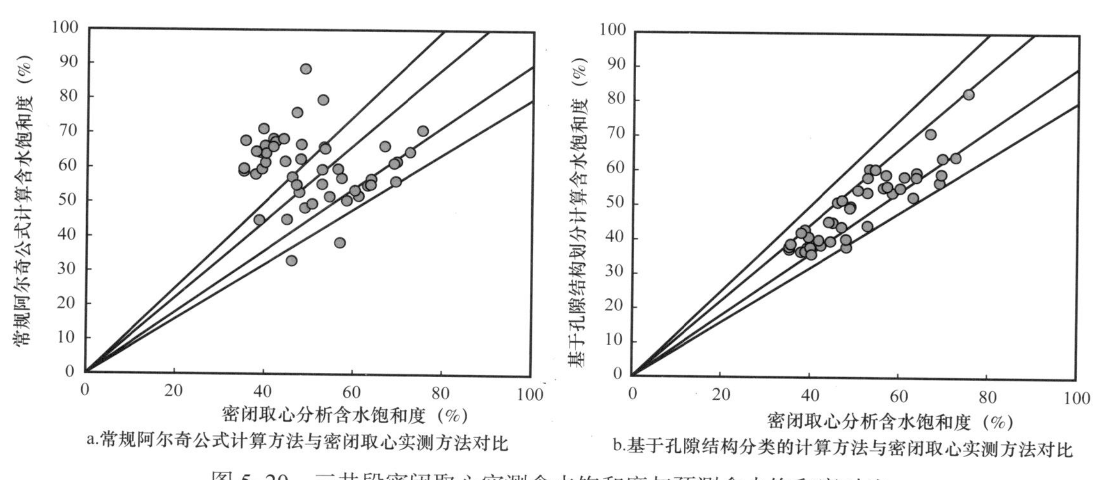

图 5-20　三井段密闭取心实测含水饱和度与预测含水饱和度对比

2. 单井储层孔隙结构类型与含气饱和度计算结果

A-2 井 H_6 段 4317.67～4325.07m，厚 7.4m，共 10 个密闭取心样品，根据基于孔隙结构的含气饱和度计算，平均含气饱和度为 38.22%。储层质量整体较差，平均储层孔隙度为 7%，平均渗透率为 0.22mD，超过 70% 的储层为Ⅳ类孔隙结构（图 5-21），结合气测数据解释为干层（图 5-22）。

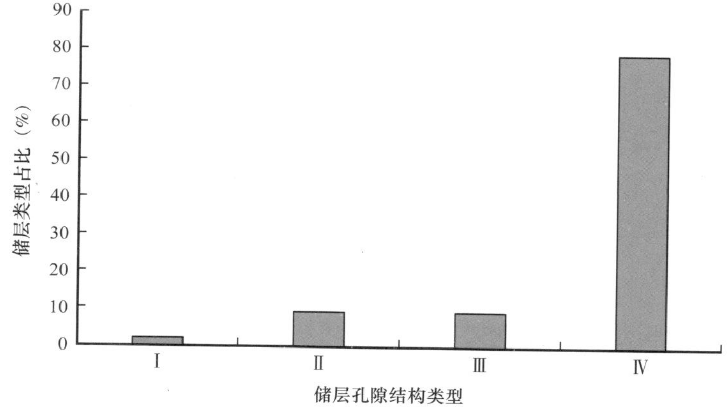

图 5-21　A-2 井 4317.67～4325.07m 层段储层孔隙结构类型占比

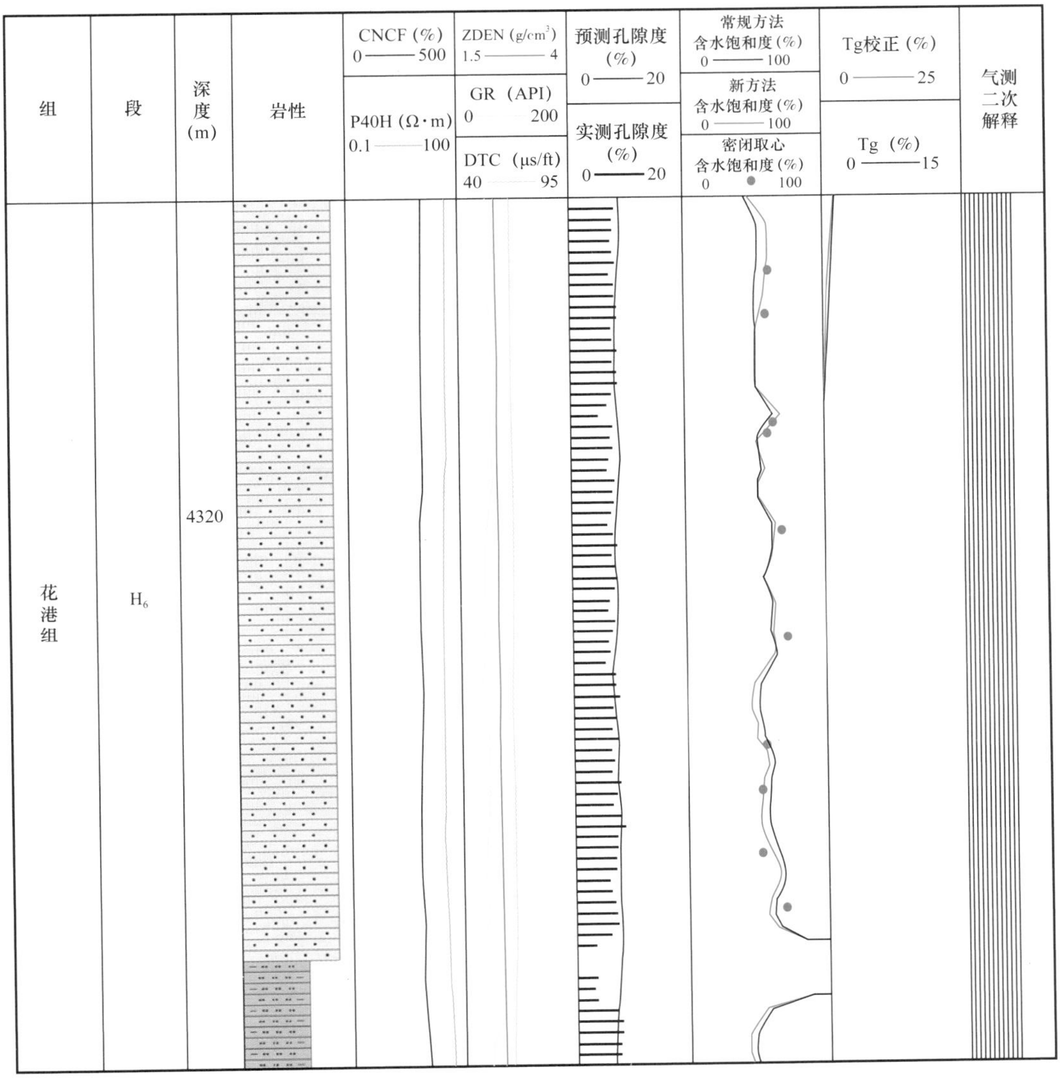

图 5–22　A–2 井 4317.67～4325.07m 层段含水饱和度结果对比图

A–4 井 H_3 段 3506.56～3514.61m，厚 8.05m，共 14 个密闭取心样品，根据基于孔隙结构的含气饱和度计算，平均含气饱和度为 58.9%。储层质量较好，平均储层孔隙度为 10.27%，平均渗透率为 3.54mD，51% 的储层为Ⅱ类孔隙结构（图 5–23），结合气测数据解释为气层（图 5–24）。

A–4 井 H_4 段 3910.38～3918.57m，厚 8.19m，共 21 个密闭取心样品，根据基于孔隙结构的含气饱和度计算，平均含气饱和度为 43.5%。储层质量一般，平均储层孔隙度为 9.43%，平均渗透率为 1.47mD，Ⅲ类和Ⅳ类储层共占 64.79%（图 5–25），结合气测数据，解释为干层（图 5–26）。

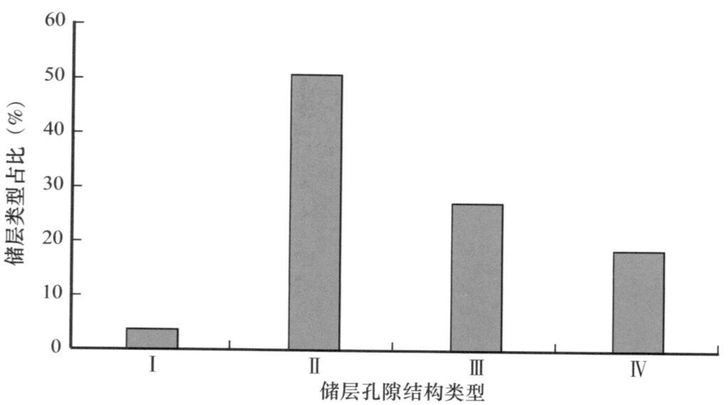

图 5-23　A-4 井 3506.56～3514.61m 层段储层孔隙结构类型占比

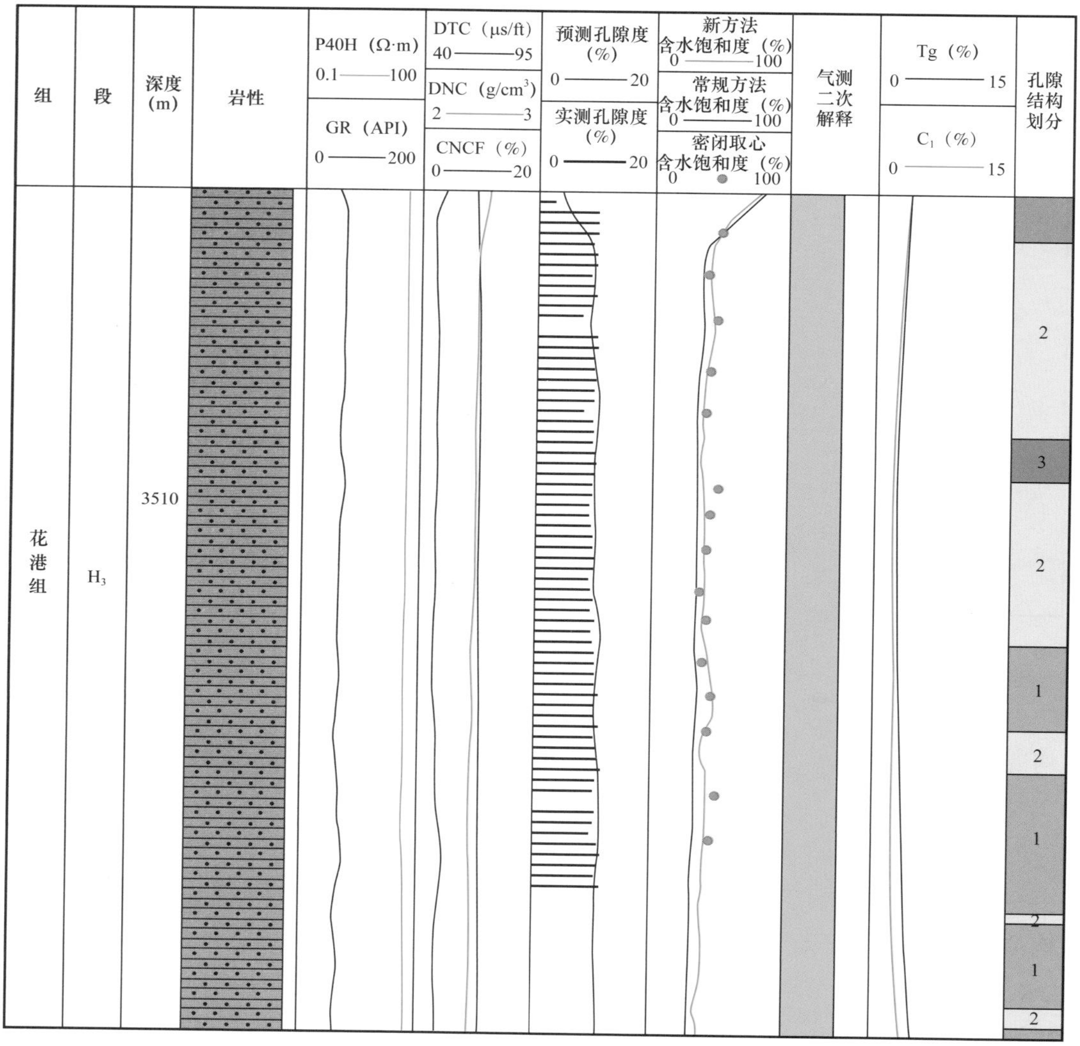

图 5-24　A-4 井 3506.56～3514.61m 层段含水饱和度结果对比图

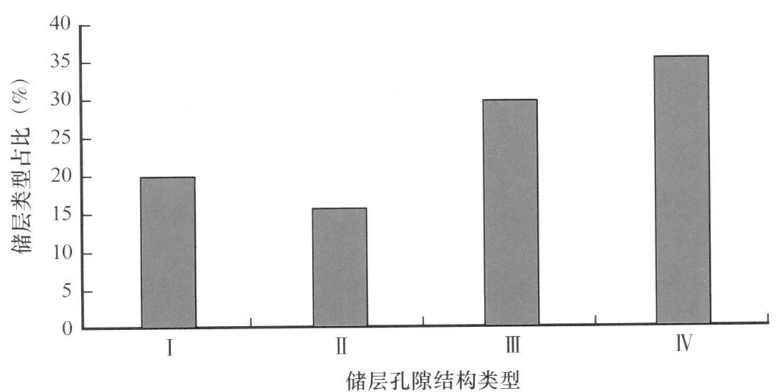

图 5-25　A-4 井 3910.38～3918.57m 层段储层孔隙结构类型占比

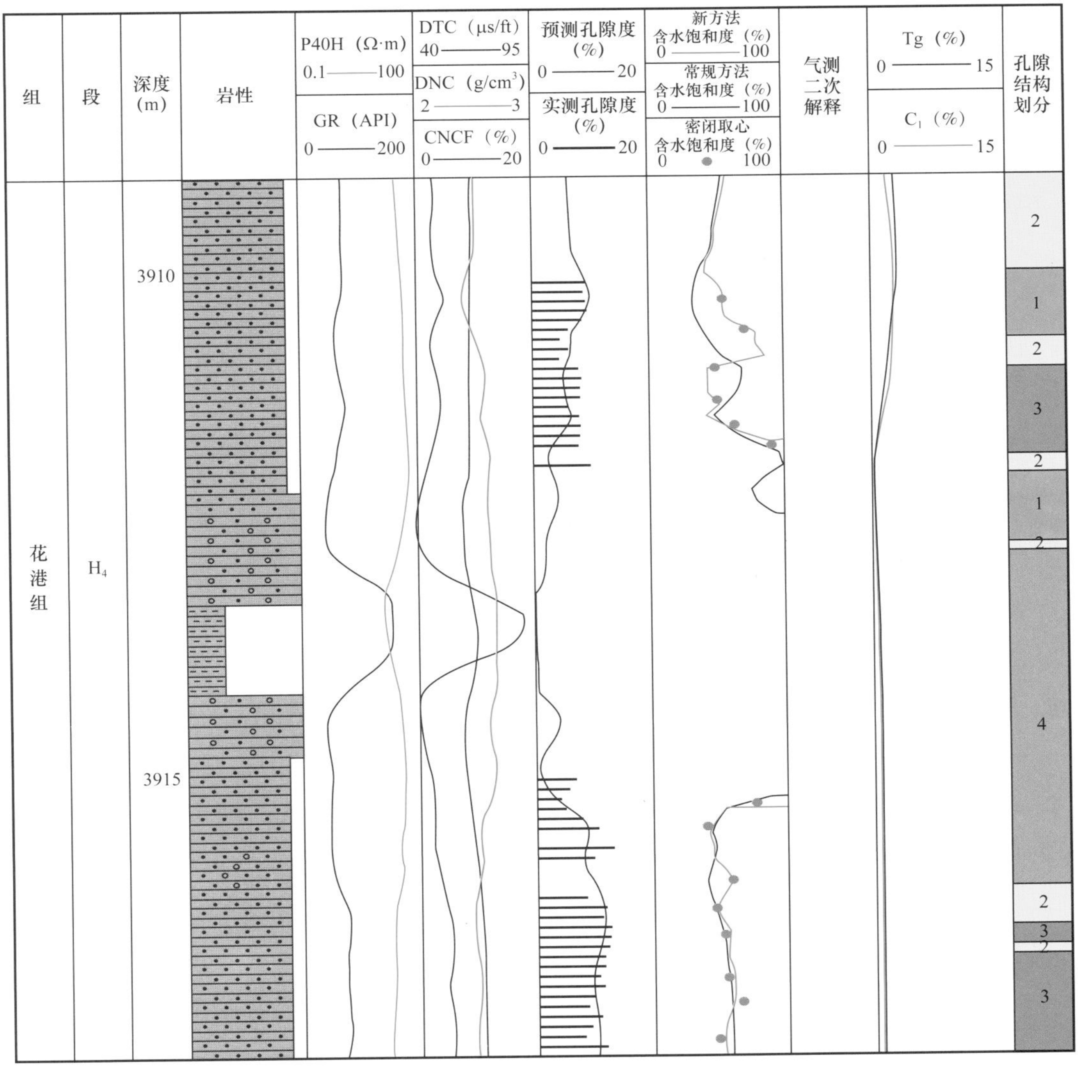

图 5-26　A-4 井 3910.38～3918.57m 层段含水饱和度结果对比图

参考文献

曹凤俊 . 2008. 气测录井资料的影响分析及校正方法［J］. 录井工程 ,19(1):22–24+75–76.

陈冬霞，庞雄奇，张俊，等 . 2007. 应用定量颗粒荧光技术研究岩性油气藏的隐蔽输导通道［J］. 地质学报,（2）: 114–120.

陈现，王付洁，魏锋，等 . 2017. 西湖凹陷深层流体性质测井定量识别方法研究［J］. 海洋石油，37（1）: 58–63.

陈智远，徐志星，徐国盛，等 . 2017. 东海盆地西湖凹陷中央反转构造带异常高压与油气成藏的耦合关系［J］. 石油与天然气地质，38（3）: 570–581.

杜武军，杨登科 . 2013. 基于气测录井资料校正方法研究［J］. 内蒙古石油化工，39（9）: 18–19.

高伟中，孙鹏，赵洪，等 . 2016. 西湖凹陷花港组深部储层特征及控制因素［J］. 成都理工大学学报（自然科学版），43（4）: 396–404.

何雨丹，毛志强，肖立志，等 . 利用核磁共振 T_2 分布构造毛管压力曲线的新方法［J］. 吉林大学学报（地球科学版），（2）: 177–181.

姜艳娇 . 2019. A 地区低孔渗复杂储层导电机理及产能预测方法研究［D］. 青岛：中国石油大学（华东）.

李秋实，周荣安，张金功，等 . 2002. 阿尔奇公式与储层孔隙结构的关系［J］. 石油与天然气地质，23（4）: 364–367.

李素梅，庞雄奇，刘可禹，等 . 2006. 一种快速检测油包裹体的新方法——颗粒包裹烃定量荧光分析技术及其初步应用［J］. 石油实验地质，28（004）: 386–390.

李忠新 . 2016. 基于核磁及压汞资料的孔隙结构连续性定量表征方法研究——以渤南油田沙三中亚段储层为例［J］. 中国石油大学胜利学院学报，30（1）: 11–14.

李卓，姜振学，李峰 . 2012. 古油层和残余油层的定量颗粒荧光响应［J］. 光谱学与光谱分析，（11）: 3073–3077.

李卓，姜振学，李峰 . 2013. 应用定量颗粒荧光技术恢复塔中地区石炭系油气充注历史［J］. 石油学报，34（3）: 427–434.

刘成川，陈俊，等 . 2020. 中江气田沙溪庙组气藏致密砂岩储层测井评价［J］. 石油天然气学报，59（1）: 131–140.

刘金水，唐健程 . 2013. 西湖凹陷低渗储层微观孔隙结构与渗流特征及其地质意义——以 HY 构造花港组为例［J］. 中国海上油气，25（2）: 18–23.

刘可禹，鲁雪松，桂丽黎，等 . 2016. 储层定量荧光技术及其在油气成藏研究中的应用［J］. 地球科学，41（003）: 373–384.

刘堂宴，马在田，傅容珊 . 2003. 核磁共振谱的岩石孔喉结构分析［J］. 地球物理学进展，4: 737–742.

马剑，黄志龙，范彩伟，等 . 2014. 应用定量颗粒荧光技术研究宝岛 13–1 气田油气成藏特征［J］. 天然气地球科学，25（8）：1188–1196.

沈爱新，王黎，陈守军 . 2003. 油层低电阻率及阿尔奇公式中各参数的岩电实验研究［J］. 石油天然气学报，25（z1）：24–25.

孙小平，石玉江，姜英昆 . 2000. 复杂孔隙结构储层含气饱和度评价方法［J］. 天然气工业，20（3）：41–44.

王勇，章成广，李进福，等 . 2006. 岩电参数影响因素研究［J］. 石油天然气学报，28（4）：75–77.

邢恩袁，庞雄奇，肖中尧，等 . 2012. 利用颗粒荧光定量分析技术研究塔里木盆地库车坳陷大北 1 气藏充注史［J］. 石油实验地质，34（4）：432–437.

徐国盛，徐芳艮，袁海锋，等 . 2016. 西湖凹陷中央反转构造带花港组致密砂岩储层成岩环境演变与孔隙演化［J］. 成都理工大学学报（自科版），43（4）：385–395.

杨克兵，王竟飞，马凤芹，等 . 2018. 阿尔奇公式的适用条件分析及对策［J］. 天然气与石油，36（2）：64–69.

殷艳玲 . 2007. 岩电参数影响因素研究［J］. 测井技术，（6）：13–17.

张绍亮，秦兰芝，余逸凡，等 . 2014. 西湖凹陷渐新统花港组下段沉积相特征及模式［J］. 石油地质与工程，28（2）：5–8.

张武，徐发，徐国盛，等 . 2012. 西湖凹陷某构造花港组致密砂岩储层成岩作用与孔隙演化［J］. 成都理工大学学报（自然科学版），39（2）：122–129.

赵彦德，张雪峰，胡建华，等 . 2010. 颗粒定量荧光分析技术在鄂尔多斯盆地低渗透油藏研究中的应用［J］. 低渗透油气田，（3）：14–18.

周荣安 . 1998. 阿尔奇公式在碎屑岩储集层中的应用［J］. 石油勘探与开发，25（5）：80–82.

郑新卫，刘喆，卿华，等 . 2012. 气测录井影响因素及校正［J］. 录井工程，（3）：23–27+102.

邹良志 . 2013. 阿尔奇公式中参数的影响因素分析［J］. 国外测井技术，（4）：23–27.

邹明亮，黄思静，胡作维，等 . 2008. 西湖凹陷平湖组砂岩中碳酸盐胶结物形成机制及其对储层质量的影响［J］. 岩性油气藏，20（1）：47–52.

Altunbay M，Martain R，Robinson，M. 2001. Capillary pressure data from NMR logs and its implications on field economics［Z］. SPE Annual Technical Conference and Exhibition.

Arogun O，Nwosu C. 2011. Capillary pressure curves from nuclear magnetic resonance log data in a deepwater turbidite Nigeria Field—a comparison to saturation models from SCAL drainage capillary pressure curves［Z］. Nigeria Annual International Conference and Exhibition.

Bassem S Nabawy. 2015. Impacts of the pore- and petro-fabrics on porosity exponent and lithology factor of Archie’s equation for carbonate rocks [J] . Journal of African Earth Sciences Petrology, 108: 101–104.

Eslami M, Kadkhodaie-Ilkhchi A, Sharghi Y, et al. 2013. Construction of synthetic capillary pressure curves from the joint use of NMR log data and conventional well logs [J] . J. Petrol. Sci. Eng, 111 (11), 50–58.

Genty C, J L Jensen, W M Ahr. 2007. Distinguishing carbonate reservoir pore facies with nuclear magnetic resonance measurements [J] . Natural Resources Research. 16 (1): 45–54.

Glorioso J, Omar A, Gabriel P, et al. 2003. Deriving capillary pressure and water saturation from NMR transversal relaxation times [Z] . SPE Latin American and Caribbean Petroleum Engineering Conference.

Green D P, Gardner J, Balcom, B, et al. 2008. Comparison study of capillary pressure curves obtained using traditional centrifuge and magnetic resonance imaging techniques [Z] . SPE Symposium on Improved Oil Recovery.

Hamada G. 2009. Integration of NMR and SCAL to estimate porosity, permeability and capillary pressure of heterogeneous gas sand reservoirs [Z] . EUROPEC/EAGE Conference and Exhibition.

Hidajat I, Mohanty K K, Flaum M, et al. 2004. Study of vuggy carbonates using X-Ray CT scanner and NMR [J] . SPE Reservoir Evaluation & Engineering, 7 (05): 365–377.

Knut Bjørlykke, Ramm M, Saigal G C. 1989. Sandstone diagenesis and porosity modification during basin evolution [J] . International Journal of Earth Sciences, 78 (1): 243–268.

Liu Xuefeng, Diao Qinglei, Li Danyong, et al. 2015. The effect of carbonate reservoir heterogeneity on Archie's exponents (a and m), an example from Kangan and Dalan gas formations in the Central Persian Gulf [J] . Journal of Natural Gas Science & Engineering, S1875510018304360.

Looyestijn W J. 2001. Distinguishing fluid properties and producibility from NMR logs [C] . Proceedings of the 6th Nordic Symposium on Petrophysics.

Meng H, Liu T. 2019. Interpretation of the rock-electric and seepage characteristics using the pore network model [J] . Journal of Petroleum Science and Engineering, 180.

Nazemi, Maziyar, Tavakoli, et al. 2019. The impact of micro-to macro-scale geological attributes on Archie's exponents, an example from Permian–Triassic carbonate reservoirs of the central Persian Gulf [J.] . Marine and Petroleum Geology, 102: 775–785.

Nigmatullin R R, Dissado L A, Soutougin N N. 1992. A fractal pore model for Archie's law in sedimentary rocks [J] . 25 (1): 32–37.

Ouzzane J E, Ramamoorthy R, Boyd A J, et al. 2006. Application of NMR T_2 relaxation for drainage capillary pressure in vuggy carbonate reservoirs [Z] . SPE Annual Technical Conference and Exhibition.

Volokitin Y, et al. 2001. A practical approach to obtain primary drainage capillary pressure curves from NMR core and log data [J] . Petrophysics, 42 (4) .

Wang H, Zhang J. 2019. The effect of various lengths of pores and throats on the formation resistivity factor [J]. Journal of Applied Geophysics.

Xu C, Carlos Torres–Verdín. 2013. Pore system characterization and petrophysical rock classification using a Bimodal Gaussian density function [J] . Mathematical Geosciences, 45 (6) : 753–771.

Yue W, Z Tao, et al. 2013. A new non–Archie model for pore structure : numerical experiments using digital rock models [J] . Geophysical Journal International.

Zhen Qin, Heping Pan, et al. 2016. A laboratory–based approach to determine Archie' s cementation factor for shale reservoirs [J] . Journal of Natural Gas Science and Engineering, (34) : 291–297.

附　　录

一、油气层性质图例

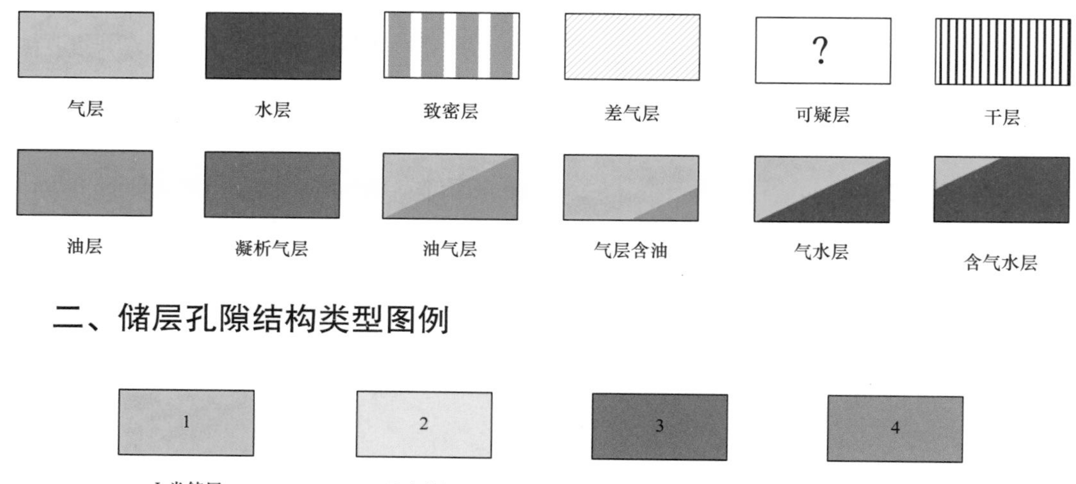

二、储层孔隙结构类型图例